全国 農業 図書 のご案内

新刊

2021年版
日本農業技術検定　過去問題集2級

R03-02　A5判・104＋36頁
定価700円（税込・送料別）

●2020年度に実施した1回の試験問題を収録。

2020年版
日本農業技術検定　過去問題集2級

R02-02　A5判・191＋64頁
定価1,100円（税込・送料別）

●2019年度に実施した2回の試験問題を収録。

何でも聞いちゃえ　アグリの話
～農業施策・用語 Q&A～

31-33　A4判・47頁
定価800円（税込・送料別）

　最近注目されている農業施策やキーワードを会話形式でわかりやすく解説！

Q&A で農政がわかりやすい！

Ｑ＆Ａ 農業法人化マニュアル
改訂第5版

R02-24 A4判・103頁
定価900円（税込・送料別）

　農業経営の法人化を志向する農業者を対象に法人化の目的やメリット、法人の設立の仕方、法人化に伴う税制や労務管理上の留意点などの疑問に一問一答形式で解説。

法人化で生じる疑問を一問一答形式で解説。

新世代の農業挑戦
－優良経営事例に学ぶー

26-14 新書判・251頁
定価1,121円（税込・送料別）

　農業は「成長産業」という著者が、先進的な農業経営体の開拓者精神と情熱、哲学、経営スピリッツに迫る農業経営事例研究の書。

第Ⅰ部　農業・農村の最前線／第Ⅱ部　新世代の農業挑戦（優良経営体の群像）

優良農業経営の強さの秘密を解き明かす

多視点型農業マーケティング
－6次産業化へのヒント77ー

26-30 新書判・197頁
定価950円（税込・送料別）

　日本農業を新たな視点で見直し、打開策を見いだすよう意識改革を促す「実践型農業マーケティング」の続編。

第1章「多視点」についての考察／第2章「適正消費」を多視点で構築しよう／第3章「3つの視点」を、マーケティング活動に生かそう／第4章マーケティングアイデア77

フィールドワークに基づくマーケティング手引書

経営者向け

2020年版
青色申告から経営改善につなぐ
勘定科目別農業簿記マニュアル

税理士　森　剛一　著

R02-28　A4判・234頁
定価2,160円（税込・送料別）

● 企業会計に即して記帳する場合のポイントを勘定科目ごとに整理。

● 「分からないとき」「困ったとき」に必要な部分が参照しやすい。

● 記帳の中から自己の経営をチェックする方法も解説。

● 最新の申告書や決算書に基づく記入例を掲載。

改訂5版
農業の従業員採用・育成マニュアル

各種様式を収録した CD-ROM 付

31-34 A4判・423頁
定価4,200円（税込・送料別）

● 従業員の採用や育成、労務管理についてまとめた、大好評シリーズの最新版。

ご購入方法

①お住まいの都道府県の農業会議に注文
（品物到着後、農業会議より請求書を送付させて頂きます）

都道府県農業会議の電話番号

北海道	011(281)6761	静岡県	054(255)7934	岡山県	086(234)1093
青森県	017(774)8580	愛知県	052(962)2841	広島県	082(545)4146
岩手県	019(626)8545	三重県	059(213)2022	山口県	083(923)2102
宮城県	022(275)9164	新潟県	025(223)2186	徳島県	088(678)5611
秋田県	018(860)3540	富山県	076(441)8961	香川県	087(812)0810
山形県	023(622)8716	石川県	076(240)0540	愛媛県	089(943)2800
福島県	024(524)1201	福井県	0776(21)8234	高知県	088(824)8555
茨城県	029(301)1236	長野県	026(217)0291	福岡県	092(711)5070
栃木県	028(648)7270	滋賀県	077(523)2439	佐賀県	0952(20)1810
群馬県	027(280)6171	京都府	075(441)3660	長崎県	095(822)9647
埼玉県	048(829)3481	大阪府	06(6941)2701	熊本県	096(384)3333
千葉県	043(223)4480	兵庫県	078(391)1221	大分県	097(532)4385
東京都	03(3370)7145	奈良県	0742(22)1101	宮崎県	0985(73)9211
神奈川県	045(201)0895	和歌山県	073(432)6114	鹿児島県	099(286)5815
山梨県	055(228)6811	鳥取県	0857(26)8371	沖縄県	098(889)6027
岐阜県	058(268)2527	島根県	0852(22)4471		

②全国農業図書のホームページから注文
(https://www.nca.or.jp/tosho/)

（お支払方法は、銀行振込、郵便振替、クレジットカード、代金引換があります。銀行振込と郵便振替はご入金確認後に、品物の発送となります）

③ Amazon から注文

全国農業図書	検 索

日本農業技術検定　3級

選択科目［農業基礎］

18

19

30

選択科目［栽培系］

42

① ② ③ ④

43

選択科目［栽培系］

44

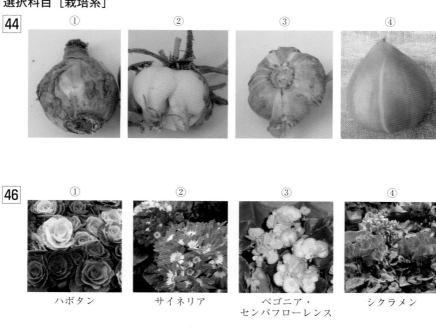

　　　①　　　　　　　②　　　　　　　③　　　　　　　④

46

　　　①　　　　　　　②　　　　　　　③　　　　　　　④

ハボタン　　　サイネリア　　　ベゴニア・　　　シクラメン
　　　　　　　　　　　　　センパフローレンス

48　　　　　　　　　　　　　　**50**

選択科目［畜産系］

35

43

44

46

選択科目［畜産系］

 47

49

選択科目［食品系］

39

選択科目［環境系］

33

37

選択科目［環境系］

40

選択科目［環境系・造園］

41

42

43

44

選択科目 ［環境系・造園］

46

50

（写真）　　　　　　　　　　　（図）

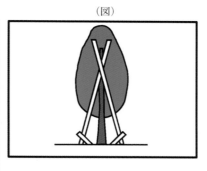

選択科目 ［環境系・農業土木］

46

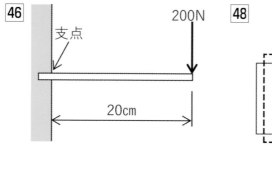

48

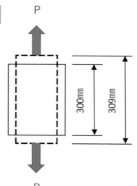

選択科目［農業基礎］

1

2

4

選択科目［農業基礎］

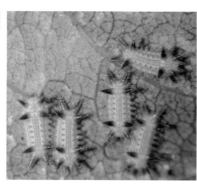

選択科目［農業基礎］

選択科目［栽培系］

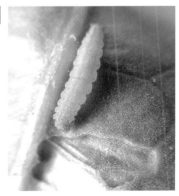

選択科目［栽培系］

49

選択科目［畜産系］

44

45

47

選択科目［食品系］

49

選択科目［環境系］

33

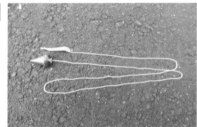

35

選択科目［環境系］

37

選択科目［環境系・造園］

41

48

選択科目［農業基礎］

4

7

18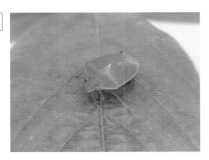

19

20

選択科目［農業基礎］

21

選択科目［栽培系］

35

選択科目［栽培系］

36

① ②

③ ④

37

① ② ③ ④

選択科目［栽培系］

44

45

選択科目［栽培系］

47

50

選択科目［畜産系］

34

36

42

43

選択科目［畜産系］

45

46

49

選択科目［食品系］

41

42

選択科目［環境系］

38

選択科目［環境系・造園］

41

42

43

44

選択科目［環境系・造園］

選択科目［環境系・林業］

共通問題［農業基礎］

1

① ②
③ ④

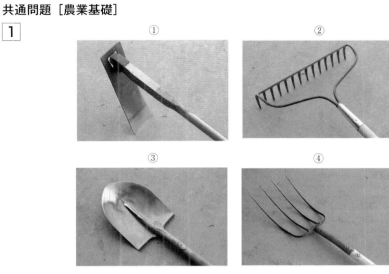

2 4

選択科目［農業基礎］

14

15

17

18

19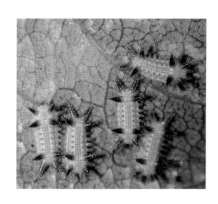

2018年度　第1回　試験問題（p.144～189）

選択科目［農業基礎］

20

選択科目［栽培系］

42

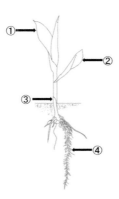

選択科目［栽培系］

45

選択科目［畜産系］

46

47

54

55

選択科目［環境系］

35

43

45

選択科目［環境系・造園］

46

47

選択科目［環境系・造園］

51

52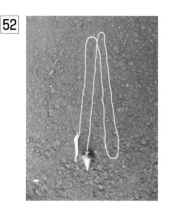

選択科目［環境系・農業土木］

49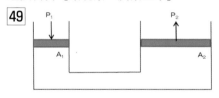

50

53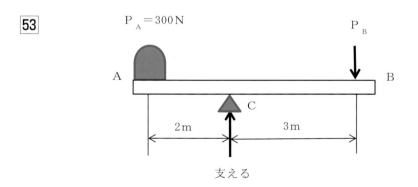

選択科目［環境系・農業土木］

 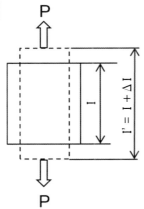

 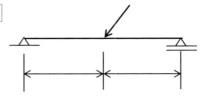

選択科目［環境系・林業］

選択科目［農業基礎］

1

12  15

16 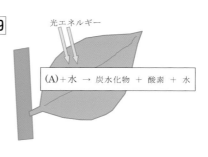 19

光エネルギー

(A)＋水　→　炭水化物　＋　酸素　＋　水

選択科目 ［農業基礎］

22

選択科目 ［栽培系］

31
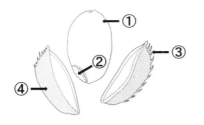

37

38

46

選択科目［栽培系］

49

55

選択科目［畜産系］

31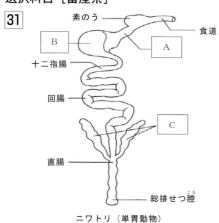

ニワトリ（単胃動物）

37

39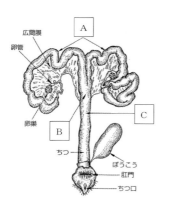

42

選択科目［畜産系］

47

48

50

52
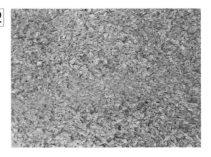

54

選択科目〔環境系〕

34

選択科目〔環境系・造園〕

53

55

選択科目［環境系・農業土木］

50

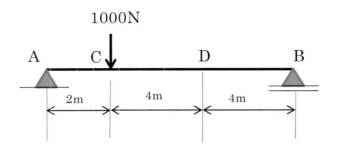

1000N

A　　　　C　　　　　　　D　　　　　　　B

2m　　　　4m　　　　　　4m

選択科目［環境系・林業］

52

54

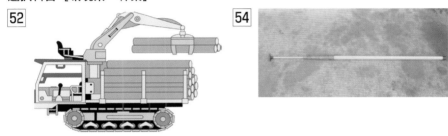

日本農業技術検定　3級　解答用紙

受験級

● 3級

受験者氏名

フリガナ

漢字

受 験 番 号

マーク例

良い例	悪い例
●	⊙ ✕ ✓ 〰 ◯

共 通 問 題

設問	解 答 欄
1	① ② ③ ④
2	① ② ③ ④
3	① ② ③ ④
4	① ② ③ ④
5	① ② ③ ④
6	① ② ③ ④
7	① ② ③ ④
8	① ② ③ ④
9	① ② ③ ④
10	① ② ③ ④
11	① ② ③ ④
12	① ② ③ ④
13	① ② ③ ④
14	① ② ③ ④
15	① ② ③ ④
16	① ② ③ ④
17	① ② ③ ④
18	① ② ③ ④
19	① ② ③ ④
20	① ② ③ ④
21	① ② ③ ④
22	① ② ③ ④
23	① ② ③ ④
24	① ② ③ ④
25	① ② ③ ④
26	① ② ③ ④
27	① ② ③ ④
28	① ② ③ ④
29	① ② ③ ④
30	① ② ③ ④

選 択 問 題

解答欄A（栽培系、畜産系、食品系）

栽培系 ○　畜産系 ○　食品系 ○

設問	解 答 欄
31	① ② ③ ④
32	① ② ③ ④
33	① ② ③ ④
34	① ② ③ ④
35	① ② ③ ④
36	① ② ③ ④
37	① ② ③ ④
38	① ② ③ ④
39	① ② ③ ④
40	① ② ③ ④
41	① ② ③ ④
42	① ② ③ ④
43	① ② ③ ④
44	① ② ③ ④
45	① ② ③ ④
46	① ② ③ ④
47	① ② ③ ④
48	① ② ③ ④
49	① ② ③ ④
50	① ② ③ ④

解答欄B（環境系）

環境系 ○

設問	解 答 欄
31	① ② ③ ④
32	① ② ③ ④
33	① ② ③ ④
34	① ② ③ ④
35	① ② ③ ④
36	① ② ③ ④
37	① ② ③ ④
38	① ② ③ ④
39	① ② ③ ④
40	① ② ③ ④

造園 ○　農業土木 ○　林業 ○

設問	解 答 欄
41	① ② ③ ④
42	① ② ③ ④
43	① ② ③ ④
44	① ② ③ ④
45	① ② ③ ④
46	① ② ③ ④
47	① ② ③ ④
48	① ② ③ ④
49	① ② ③ ④
50	① ② ③ ④

は　じ　め　に

　新たに農業を始める人たちにとって、農業の魅力とは何でしょう。それはズバリ、自然豊かな環境や農的な生き方、ビジネスとしての可能性ではないでしょうか。

　農業は、食料や花などを生産する第1次産業であると同時に、生産した農作物を自ら加工して付加価値をつける第2次産業、さらには直売店やインターネットを通して販売したり、農家レストランを出店するなどの第3次産業としての性格を持っています。自然に囲まれた農村での暮らしを満喫しながら、自ら経営の采配をふるうことが可能です。また、独立就農以外にも、農業法人に就職してから就農する道もあります。このような「生き方と働き方の新たな選択」にあこがれて、いま農業を志す人たちが増えています。

　しかしながら、農業の経験や知識も少ないなかで就農することは容易ではありません。農業の技術は日々進歩しており、経営環境も変わっています。農業は事業であり、農業者は事業の経営者であるという冷厳な事実があります。

　日本農業技術検定は、農林水産省・文部科学省後援による、農業や食品を学ぶ学生や農業・食品産業を仕事にする人のための、わが国最大の農業に特化した検定制度です。新規就農を希望する人だけでなく、農業関連産業を目指す全国の多くの農業系の学生をはじめ、JAの営農指導員等の職員や農業関係者の方々も多数受験しています。これまでの受験者数はすでに29万人を超えています。

　意欲だけでは農業や関連産業で仕事はできません。まずは日本農業技術検定で、あなたの農業についての知識・生産技術の修得レベルを試してみてはいかがでしょう。

　本検定を農業分野への進学、就業、関連産業への就職に役立てていただけると幸いです。

　昨年度第1回検定は新型コロナウイルス感染症の影響で中止となったため、本書には昨年度第2回検定の試験問題1回分と2018年度、2019年度の試験問題を合わせた計5回分を収録しております。

　3級受験にあたっては、本過去問題集で確認するほか、農業高等学校教科書や3級テキストを参考に勉強されることをお薦めします。

2021年4月

日　本　農　業　技　術　検　定　協　会
事務局　一般社団法人　全国農業会議所

本書活用の留意点

◆実際の試験問題は A4判のカラーです。

　本書は、持ち運びに便利なように、A4判より小さい A5判としました。また、試験問題の写真部分は本書の巻頭ページにカラーで掲載しています。

◆◆CONTENTS◆◆

日本農業技術検定ガイド

1　検定の概要

●・・・日本農業技術検定とは？・・・●

　日本農業技術検定は、わが国の農業現場への新規就農のほか、農業系大学への進学、農業法人や関連企業等への就業を目指す学生や社会人を対象として、農業知識や技術の取得水準を客観的に把握し、教育研修の効果を高めることを目的とした農業専門の全国統一の試験制度です。農林水産省・文部科学省の後援も受けています。

●・・・合格のメリットは？・・・●

　合格者には農業大学校や農業系大学への推薦入学で有利になったり受験料の減免などもあります！　また、新規就農希望者にとっては、農業法人への就農の際のアピール・ポイントとして活用できます。JA など社会人として農業関連分野で働いている方も資質向上のために受験しています。大学生にとっては就職にあたりキャリアアップの証明になります。海外農業研修への参加を考えている場合にも、日本農業技術検定を取得していると、筆記試験が免除となる場合があります。

●・・・試験の日程は？・・・●

　2021年度の第1回試験日は7月10日（土）、第2回試験日は12月11日（土）です。第1回の申込受付期間は4月30日（金）〜6月4日（金）、第2回は10月1日（金）〜11月5日（金）となります。

※1級試験は第2回（12月）のみ実施。

　1級・2級・3級をご紹介します。試験内容を確認して過去問題を勉強し、しっかり準備をして試験に挑みましょう！

（2019年度より）

等級	1級	2級	3級
想定レベル	農業の高度な知識・技術を習得している実践レベル	農作物の栽培管理等が可能な基本レベル	**農作業の意味が理解できる入門レベル**
試験方法	学科試験＋実技試験	学科試験＋実技試験	**学科試験のみ**
学科受検資格	特になし	特になし	**特になし**
学科試験出題範囲	共通：農業一般＋選択：作物、野菜、花き、果樹、畜産、食品から1科目選択	共通：農業一般＋選択：作物、野菜、花き、果樹、畜産、食品から1科目選択	**共通：農業基礎＋選択：栽培系、畜産系、食品系、環境系から1科目選択**
学科試験問題数	学科60問（共通20問、選択40問）	学科50問（共通10問、選択40問）	**50問[3]（共通30問、選択20問）環境系の選択20問のうち10問は3種類（造園、農業土木、林業）から1つを選択**
学科試験回答方式	マークシート方式（5者択一）	マークシート方式（5者択一）	**マークシート方式（4者択一）**
学科試験試験時間	90分	60分	**40分**
学科試験合格基準	120点満点中原則70%以上	100点満点中原則70%以上	**100点満点中原則60%以上**
実技試験受検資格	受験資格あり[1]	受験資格あり[2]	**ー**
実技試験出題範囲	専門科目から1科目選択する生産要素記述試験（ペーパーテスト）を実施（免除規定有り）	乗用トラクタ、歩行型トラクタ、刈払機、背負い式防除機から2機種を選択し、ほ場での実地研修試験（免除規定有り）	**ー**

※1　1級の学科試験合格者。2年以上の就農経験を有する者または検定協会が定める事項に適合する者（JA営農指導員、普及指導員、大学等付属農場の技術職員、農学系大学生等で農業実習等4単位以上を取得している場合）は実技試験免除制度があります（2019年度より創設。詳しくは、日本農業技術検定ホームページをご確認ください）。

※2　2級の学科試験合格者。1年以上の就農経験を有する者または農業高校・農業大学校など2級実技水準に相当する内容を授業などで受講した者、JA営農指導員、普及指導員、大学等付属農場の技術職員、学校等が主催する任意の講習会を受講した者は2級実技の免除規定が適用されます。

※3　3級の選択科目「環境」は20問のうち「環境共通」が10問で、「造園」「農業土木」「林業」から1つを選択して10問、合計20問となります。

● ●・申し込みから受験までの流れ・● ●

日本農業技術検定ホームページにアクセスする。
(https://www.nca.or.jp/support/general/kentei/)

↓

申し込みフォームより必要事項を入力の上、申し込む。

※団体受験において、2級実技免除校に指定されている場合は、その旨のチェックを入力すること。

お申し込み後に検定協会から送られてくる確認メールで、ID、パスワード、振り込み先等を確認し、指定の銀行口座に受験料を振り込む。

↓

入金後、ID、パスワードを使って、振り込み完了状況、受験級と受験地等の詳細を再確認する。

↓

申し込み完了

↓

試験当日の2週間〜3週間前までに受験票が届いたことを確認する。
※受験票が届かない場合は、事務局に問い合わせる。

↓

受験

※試験結果通知は約1か月後です。
※詳しい申し込み方法は日本農業技術検定のホームページからご確認ください。
※原則、ホームページからの申し込みを受け付けていますが、インターネット環境がない方のためにFAX、郵送でも受け付けています。詳しくは検定協会にお問い合わせください。
※1・2級実技試験の内容や申し込み、免除手続き等については、ホームページでご確認ください。

◆お問い合わせ先◆
日本農業技術検定協会（事務局：一般社団法人 全国農業会議所）
〒102-0084 東京都千代田区二番町5−6
　　　　　あいおいニッセイ同和損保 二番町ビル7階
TEL：03(6910)1126　E-mail：kentei@nca.or.jp

日本農業技術検定　｜ 検索

- 4 -

　日本農業技術検定は、2007年度から３級、2008年度から２級、2009年度から１級が本格実施されました。近年では毎年25,000人程が受験しています。受験者の内訳は、一般、農業高校、専門学校、農業大学校、短期大学、四年制大学（主に農業系）、その他（農協等）です。

受験者数の推移

（人）

	１級	２級	３級	合計
2007年度	—	—	8,630	8,630
2008年度	—	2,412	10,558	12,970
2009年度	131	2,656	13,786	16,573
2010年度	180	3,142	14,876	18,198
2011年度	244	3,554	16,152	19,950
2012年度	255	4,037	17,032	21,324
2013年度	293	3,859	18,405	22,557
2014年度	258	4,104	18,411	22,773
2015年度	245	4,949	18,926	24,120
2016年度	308	5,350	20,183	25,841
2017年度	277	5,743	20,681	26,701
2018年度	247	5,365	20,521	26,133
2019年度	266	5,311	19,992	25,569
2020年度	206	3,015	18,790	22,011

※12月検定のみ実施

各受験者の合格率（2020年度）

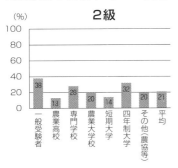

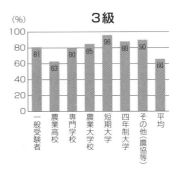

科目別合格率（2020年度）

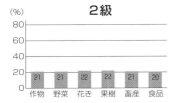

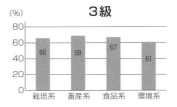

2　勉強方法と試験の傾向

●・・・3級 試験の概要・・・●

　3級試験は、農業や食品産業などの関連分野に携わろうとする人を対象とし、農業基礎知識、技術の基本（農作業の意味がわかる入門レベル）について評価します。そのため、「技術や技能の基礎を理解していること」が求められます。

●・・・勉強のポイント・・・●

（1）出題領域を理解する
　3級試験は、共通問題30問、選択科目20問（栽培系・畜産系・食品系・環境系から1領域を選択）の合計50問です。共通問題は、農業に関すること全般と選択科目と同様の領域から出題されています。選択科目は、選択した分野の専門領域から出題されています。出題領域を的確に理解することが大事です。

（2）基本的な技術や技能の理論を理解する
　農業に関係する技術は、気候や環境などの違いによる地域性や栽培方法の多様性などがみられることが技術自体の特殊性ですが、この試験は、全国的な視点から共通することが出題されています。このため、基本的な技術や技能を理解することがポイントです。

（3）基本的な専門用語を理解する
　技術や技能を学び、そして実践する時に必要な基礎的な専門用語の理解度が求められています。基本的な専門用語を十分に理解することがポイントです。出題領域表の細目にはキーワードで例示していますので、その意味を理解しましょう。

（4）農作物づくりの技術や技能を理解し学ぶ
　実際の栽培技術・飼育技術・加工技術などについての知識や体験をもとに、理解力や判断力が求められます。適切な知識に基づく的確な判断は、良い農産物・安全で安心な食品づくりにつながります。このため、栽培作物の生育の特性のほか農産物づくりの技術や技能の的確さ、例えば、作業の選択・順番・機械器具の選択などを理解し学ぶことがポイントです。

●・・・傾向と対策・・・●

　出題領域（次頁参照） が公開されており、キーワードが明確になっているので専門用語などを理解することが求められています。

　出題領域は、範囲が広く、すべて把握するのは労力を要しますので、次のポイントを押さえ、効率的に勉強しましょう。

◎まずは、過去問題を解く。

◎過去問題から細目等の出題傾向を摑み、対策を練る。

◎農業高等学校教科書（「農業と環境」ほか、選択科目別に発行）で問題の確認を行う（教科書については日本農業技術検定のホームページに掲載）。

◎問題の解説や3級テキスト（全国農業高等学校長協会発行）を参照する。

◎苦手な分野は、領域を確認しながら、農業高等学校教科書を参照して克服していく。

◎本番の試験では、過去問題と類似した問題も出題されるので、本書を何度も解く。

　主に次の分野では、特に下記の点に留意して、効率よく効果的に試験に取り組んでください。

栽培技術	農業技術は、自然環境を理解し、栽培の特性をうまく利用し地域の立地に合わせた農業技術が各地で実践されています。この試験では、まず対象となる農作物やその栽培環境を理解することが大事です。つまり、動植物特性、土壌や肥料の特徴、病害虫と雑草、栽培環境など代表的なものを十分理解し覚えることが必要です。農業用具の名称や扱い方、農業機械の種類とどのような時に使うのかを知ることも大事です。基本的な計算（肥料計算、農薬希釈率等）もできるように確認しておきましょう。
加工技術	食品の加工原料、加工方法、製品についての知識や技術の基本を理解し覚えましょう。また、食品に関する法律（食品衛生法、JAS法、食品表示法）も安全で安心な生産物を提供する立場として十分に理解しておくことが大事です。
わが国の農業	日頃、インターネット、新聞、テレビなどのメディアから日本農業についての重要な情報を仕入れておくと、試験に有利です。日本の食料自給率、輸入や輸出の関係、時事的なこと、日本の農業経営の特性なども出題されます。
環境技術	環境の共通問題は、平板測量や製図の知識が必要です。林業は、森林の種類・生態・育林・伐林の勉強も大事です。造園は、庭園の種類や造園施工技術、農業土木は、力学や農業土木施工技術のことも勉強しておきましょう。

科目	作物名・領域	単元	細　目
共通	植物の生育	分類	自然分類（植物学的分類）　原種　種　品種　実用分類（農学的分類）
		種子とたねまき	発芽　種子の構造　有胚乳種子　無胚乳種子　胚乳　子葉　発芽条件　明発芽種子（好光性種子）　暗発芽種子（嫌光性種子）　種子の休眠
		植物の成長	栄養器官　生殖器官　根　葉　茎　芽　花　分裂組織　栄養成長　生殖成長　光合成　呼吸　蒸散　養水分の吸収
		花芽形成	花芽　花芽分化　日長　光周性　短日植物　長日植物　中性植物　感温性　感光性　春化処理（バーナリゼーション）　着花習性　雌雄異花　両性花
		種子と果実の形成	受粉　受精　重複受精　自家受粉　他家受粉　人工受粉　訪花昆虫　植物ホルモン　果菜類　葉茎菜類　根菜類　ポストハーベスト　自家和合性　自家不和合性
	栽培管理	栽培作業	耕起　予措　代かき　田植え　播種　覆土　育苗　定植　施肥　元肥　追肥　マルチング　中耕　土寄せ　芽かき　間引き　誘引　整枝　剪定　鉢上げ　鉢替え　摘心　うね立て　順化　作土　深耕　摘果　直播き　移植
		繁殖と育種	種子繁殖　栄養繁殖　さし木　さし芽　接ぎ木　クローン　組織培養　ウイルスフリー苗　育種　人工交配　品種　雑種第一代（F1）　実生苗　単為結果
		作付け体型と作型	作付け体型　作型　一毛作　二毛作　単作　混作　間作　連作　輪作　連作障害　普通栽培　促成栽培　抑制栽培　電照栽培　シェード栽培　有機栽培　適地適作　早晩生　田畑輪換
		栽培環境	気象要素　土壌要素　生物要素　大気環境　施設栽培　植物工場　風害　水害　冷害　凍霜害　干害　見かけの光合成　光飽和点　光補償点　陽生植物　陰生植物　生育適温　二酸化炭素濃度
	土・微生物・肥料	土壌	土の役割　母材　腐植　土性　土壌有機物　土の三相　単粒構造　団粒構造　土壌酸度（pH）　陽イオン交換容量　塩類濃度　EC　塩類集積　クリーニングクロップ　保水性　排水性　通気性　保肥性　地力　赤土　黒土　火山灰土　腐葉土　土壌生物　リン酸固定　窒素固定
		養分と肥料	必須元素　多量元素　微量元素　欠乏症状　肥料の三要素　肥料の種類　堆肥　厩肥　化学肥料　化成肥料　有機質肥料　速効性肥料　緩効性肥料　単肥　複合肥料　微量要素肥料
	病害虫・雑草防除	病害虫	土壌微生物　根粒菌　害虫　益虫　病徴　病原体　宿主　素因　主因　誘因　菌類　細菌　ウイルス　ダニ類　センチュウ類　天敵　対抗植物　加害様式　鳥獣害　総合的病害虫管理　空気伝染性　土壌伝染性　総合的病害虫管理（IPM）
		雑草	畑地雑草　水田雑草　除草剤
		防除法	農薬　化学的防除法　生物的防除法　物理的防除法　ポジティブリスト　ドリフト
	農業用具		くわ、レーキ、シャベル、かま、フォーク　屈折糖度計
	農産物の加工	農産物加工の意義	食品の特性　貯蔵性　利便性　嗜好性　簡便性　栄養性
		農畜産物加工の基礎	食品標準成分表による分類、加工、貯蔵法による分類
			炭水化物　脂質　タンパク質　無機質　ビタミン
		食品の変質と貯蔵	生物的要因　物理的要因　化学的要因
			貯蔵法の原理　乾燥　低温　空気組成　殺菌　食塩・砂糖・酢　くん煙
		食品衛生	食品衛生　食中毒の分類　食品による危害　食品添加物
		加工食品の表示	食品衛生法　JAS法　健康増進法
			包装の目的・種類　包装材料　包装技術
		農産物の加工	穀類・豆類・種実・いも類・野菜類・果実類の加工特性
		畜産物の加工	肉類・牛乳・鶏卵の加工特性

科目	作物名・領域	単元	細　目
共通	家畜飼育の基礎	家畜の成長・繁殖・品種	家畜分類　乳牛・豚の妊娠期間　発情周期
		ニワトリの飼育	卵用種　肉用種　卵肉兼用種
			ふ卵器　就巣性　ニワトリのふ化日数
			育すう　給餌
			そのう　せん胃　筋胃　総排せつ腔
			雌の生殖器官　産卵周期
			飼料要求率　換羽
			ニューカッスル病　鶏痘
			鶏卵の構造　卵の品質
		ブタの飼育	大ヨークシャー　バークシャー　ランドレース　ハンプシャー　デュロック
		ウシの飼育	ホルスタイン　ジャージー　ガーンジー　ブラウンスイス
			年間搾乳量　体温　飼料標準　フリーストール・フリーバーン方式
			乳房の構造　乳成分　乳量
			市乳　ナチュラルチーズ　プロセスチーズ　バター　アイスクリーム
			黒毛和種
	農業経営と食料供給	農業の動向・我が国の農業経営	農家　農業経営の特徴　農業の担い手　輸入の動向　6次産業化　食料自給率
			広い気候群　豊かな降水量　土壌構造　複雑な地形　多様な生態系　農業資源大国　持続可能な農業
			農業の多面的機能　フードシステム　日本型食生活　食育　ポジティブリスト　トレーサビリティー　生産履歴　地産地消　バイオマス　バイオマスエネルギー
			農業就業人口　専業農家　第1種兼業農家　第2種兼業農家　農地所有適格法人　食料・農業・農村基本法　農地法　集落営農
			農地　耕地　農地利用率　水田・畑・樹園地・牧草地　施設園芸　耕作放棄地　1戸あたり耕地面積
			農業産出額　品目別・地域別農業産出額
			単収　化学化・機械化　耕地利用率　連作障害　持続可能農業　環境保全型農業　有機農産物
		食品産業と食料供給	食品製造業　外食産業　中食産業　食品リサイクル
			卸売市場　集出荷組織　契約栽培　農産物直売所　契約出荷　産地直売
			経営戦略　農地の流動化　規模の拡大　集約度
			共同作業・共同利用　法人化　受委託　地域ブランド
		農業の動向と課題	食料自給率　主な品目の自給率
			余剰窒素・リン　農薬使用量　フードマイレージ　仮想水　生物多様性　絶滅危惧種
			環境保全型農業　有機農業　有機農産物　エコファーマー　低投入持続型農業　再生可能エネルギー　物質循環　GAP（農業生産工程管理）
			新規就農者　担い手不足　耕作放棄地の増加　農商工連携
	暮らしと農業・農村	農業の多面的機能	グリーンツーリズム　市民農園　里山　国土環境保全機能　生物多様性　都市農村交流　園芸療法　観光農園　地域文化
		地域文化の継承・発展	農村文化・芸能　歴史的遺産　神事・祭り　在来植物
		環境と農業	食物連鎖　生態系　個体群　生物群
			地球温暖化　生物多様性の減少　森林面積の減少　水不足　異常気象　土壌砂漠化
選択　栽培系	農業機械	乗用トラクタ	三点支持装置　油圧装置　PTO軸　トラクタの作業と安全
		歩行型トラクタ	主クラッチ　変速装置　Vベルト　かじ取り装置
		耕うん・整地用機械	ロータリ耕うん　すき　はつ土板プラウ　ディスクハロー
		穀類の収穫調整機械	自脱コンバイン　普通コンバイン　バインダ　穀物乾燥機　ライスセンタ　カントリエレベータ　ドライストア　精米機　もみすり機

科目	作物名・領域	単元	細目
選択 栽培系	工具類	レンチ	片口スパナ 両口スパナ オフセットレンチ ソケットレンチ
		プライヤ	ニッパ ラジオペンチ コンビネーションプライヤ
		ドライバ	プラスドライバ マイナスドライバ
		ハンマ	片手ハンマ プラスチックハンマ
		その他工具	プーラ 平タガネ タップ ダイス ノギス ジャッキ 油さし グリースガン
	農業施設	園芸施設	ガラス室 ビニルハウス 片屋根型 両屋根型 ビニルハウス パイプハウス 養液栽培 連棟式・単層式 塩化ビニル 被服資材 プラスチックハウス
		施設園芸用機械・装置	温風暖房機 温水暖房機 電熱暖房機 ヒートポンプ 環境制御機器
	燃料		重油 軽油 灯油 ガソリン LPG バイオマス
	農業経営		貸借対照表 資産・負債
	作物	イネ	たねもみ 塩水選 芽だし うるち米 もち米 各部形態 葉齢 発芽特性 分けつ
			選種 代かき 育苗箱 分けつ 主かん 緑化 硬化 水管理（深水、中干し、間断かんがい、花水） 収穫診断 収穫の構成要素 作況指数 いもち病 紋枯病 ヒメトビウンカ ツマグロヨコバイ
		スイートコーン	分けつ 発芽特性 枝根 とうもろこしの種類 雌雄異花 雑種強勢
		ダイズ	連作障害 無胚乳種子 早晩生 種子形態 発芽特性 結きょう率 葉の成長（子葉、初生葉、複葉）
			ウイルス病 紫はん病 アオクサカメムシ ダイズサヤタマバエ マメクイシンガ ヒメコガネ シロイチモンジュメイガ
		ジャガイモ	救荒作物 ほう芽 休眠 着らい期 緑化 ふく枝
			種イモ準備 貯蔵 えき病 そうか病 ニジュウヤホシテントウ センチュウ ハスモンヨトウ
		サツマイモ	救荒植物 つるぼけ
			採苗 植え付け 除草 収穫 貯蔵
	野菜	トマト	果実の生育
			ウイルス病 アブラムシ えき病 葉かび病 灰色かび病 輪もん病 しり腐れ病 空洞果 すじ腐れ果
		キュウリ	雌花・雄花 ブルーム（果粉） 無胚乳種子 浅根性
			作型 播種 接木 鉢上げ 誘引 整枝 追肥 かん水 べと病 つる枯れ病 炭そ病 うどんこ病 アブラムシ ウリハムシ ハダニ ネコブセンチュウ
		ハクサイ	ウイルス病 軟腐病 アブラムシ コナガ モンシロチョウ ヨトウムシ
		ダイコン	キスジノミハムシ アブラムシ 苗立ち枯れ病 いおう病 ハスモンヨトウ
		ナス	着果習性 花芽分化 長花柱花
			作型 半枯れ病 褐紋病 ハダニ類 アブラムシ類 石ナス つやなし果
		イチゴ	花芽分化 休眠 開花・結実 ランナー発生
			作型 炭そ病 い黄病 うどんこ病 アブラムシ類 ハダニ類
		スイカ	つるわれ病 うどんこ病 炭そ病 害虫
	草花	花の種類	サルビア ニチニチソウ ペチュニア マリーゴールド パンジー ハボタン スイートピー ケイトウ
			キク カーネーション ガーベラ シロタエギク
			（リン茎）チューリップ ユリ スイセン （球茎）グラジオラス フリージア （塊茎）シクラメン （根茎）カンナ カラー （塊根）ダリア ナランキュラス
			シンビジウム カトレア類 ファレノプシス
			アナナス類 ドラセナ類 フィカス類
			ベゴニア プリムラ類 アザレア アジサイ ゼラニウム インパチェンス シクラメン

科目	作物名・領域	単元	細　目
選択　栽培系	果樹	基礎用語・技術	株分け　分球　セル成型苗　取り木　さし芽　さし木　種子繁殖　栄養繁殖
			育苗箱　セルトレイ　素焼き鉢　プラ鉢　ポリ鉢
			水苔　バーミキュライト　パーライト　鹿沼土　ピートモス　軽石　バーク類　赤土
			腰水　マット給水　ひも給水
		果樹の種類	リンゴ　ナシ　モモ　カキ　ブドウ　ウメ
			かんきつ類　ビワ
		植物特性	休眠　生理的落果　和合性・不和合性　ウイルスフリー　結果年齢　隔年結果・幼木・若木・成木・老木　受粉樹　葉芽・花芽
		栽培管理	摘果　摘粒　摘心
			主幹形　変則主幹形　開心自然形　棚栽培　強せん定・弱せん定　切り返し　間引き　主幹　主枝　側枝　徒長枝　発育枝　頂部優勢
			草生法　根域制限（容器栽培）
			夏肥（実肥）　秋肥（礼肥）　春肥（芽だし肥）　葉面散布　有機物施用　深耕　清耕法
			台木　穂木　枝接ぎ　芽接ぎ
			袋かけ　摘果　摘らい　摘花
選択　食品系	食品加工	食品加工の意義	食品の特性　貯蔵性　利便性　嗜好性　簡便性　栄養性
		食品加工の基礎	食品標準成分表　乾燥食品　冷凍食品　塩蔵・糖蔵食品　レトルト食品　インスタント食品　発酵食品
			炭水化物　脂質　タンパク質　無機質　ビタミン　機能性
		食品の変質と貯蔵	生物的要因　物理的要因　化学的要因
			貯蔵法の原理　乾燥　低温　空気組成　殺菌　浸透圧　pH　くん煙
		食品衛生	食品衛生　食中毒の分類　有害物質による汚染　食品による感染症・アレルギー　食品添加物
		食品表示と包装	食品衛生法　JAS法　健康増進法
			包装の目的・種類　包装材料　包装技術　容器包装リサイクル法
		農産物の加工	米　麦　トウモロコシ　ソバ　デンプン　米粉　製粉　餅　パン　菓子類　まんじゅう　めん類
			大豆加工品　ゆば　豆腐・油揚げ　納豆　みそ　しょうゆ　テンペ
			いもデンプン　ポテトチップ　フライドポテト　切り干しいも　いも焼酎　こんにゃく
			野菜類成分特性　冷凍野菜　カット野菜　漬物　トマト加工品
			果実類成分特性　糖　有機酸　ペクチン　ジャム　飲料　シロップ漬け　乾燥果実
		畜産物の加工	肉類の加工特性　ハム　ソーセージ　ベーコン　スモークチキン
			牛乳の加工特性　検査　牛乳　発酵乳　発酵飲料乳　チーズ　アイスクリーム　クリーム　バター　練乳　粉乳
			鶏卵の構造　鶏卵の加工特性　マヨネーズ　ゆで卵
		発酵食品	発酵　腐敗　細菌　糸状菌　酵母
			みそ・しょうゆ製造の基礎　原料　麹　酵素
			酒類製造の基礎　酵素　ワイン　ビール　清酒　蒸留酒
		製造管理	品質管理の必要性　従業員の管理と教育　設備の配置と管理
選択　畜産系	飼育学習の基礎	家畜の成長と繁殖・品種	交配　泌乳　肥育　妊娠期間
		ニワトリの飼育	ロードアイランドレッド種　白色プリマスロック種　白色コーニッシュ種　名古屋種
			転卵
			産卵とホルモン
			クラッチ　ペックオーダー　カンニバリズム　デビーク
			マイコプラズマ感染症　マレック病

科目	作物名・領域	単元	細目
選択 畜産系			鶏卵の加工と利用
			ブロイラーの出荷日数
		ブタの飼育	ブタの品種略号
			生殖器 分娩 ブタの飼料・給与基準 妊娠期間 各部位の名称
			豚熱 流行性脳炎 SEP オーエスキー病 トキソプラズマ症
		ウシの飼育	BCS DMI ME 搾乳方法
			乳質 乾乳期 飼料設計
			乳房炎 フリーマーチン ケトーシス カンテツ病
			褐毛和種 日本短角種 無角和種 ヘレフォード種 アバディーンアンガス種
			肥育様式 去勢 人工授精
			肉質 各部分の名称
選択 環境系	測量	平板測量	アリダード各部の名称 アリダードの点検 平板のすえつけ（標定） 道線法 放射法 交会法 示誤三角形
		水準測量	オートレベル チルチングレベル 電子レベル ハンドレベル 標尺（スタッフ） 日本水準原点
			水準点（B. M） 野帳の記入法（昇降式、器高式）
	製図		製図用具 製図の描き方 文字・数字 線 製図記号（断面記号）
			外形線 寸法線
	林業	森林の生態	森林の生態と分布・遷移 植生型 林木の生育と環境 年輪 土壌
		森林の役割	森林の役割 森林の種類 森林の面積 森林の状況 森林機能 森林の蓄積
		林木の生育と環境	主な樹木の性状
		木材の測定	材積計算
		主な育林対象樹種	スギ ヒノキ アカマツ カラマツ コナラ クヌギ トドマツ
		更新	地ごしらえ 植え付け
		樹木の保育作業	下刈り 除伐 間伐 枝打ち つる切り
		木材の生産	伐採の種類 伐採の方法 受口と追口 林業機械 高性能林業機械
		森林の測定	胸高直径 樹高測定 測竿 標準地法
		森林管理	森林経営管理法
	造園	環境と造園の様式	枯山水式庭園 茶庭 回遊式庭園 アメリカの庭園
		造園製図の基礎	平面図 立面図 透視図
		公園・緑地の計画設計	街区公園
		造園樹木	イヌツゲ イロハカエデ ウバメガシ スギ シラカシ ドウダンツツジ ハナミズキ ツバキ類 サクラソウ類
			クロマツ イチョウ モウソウダケ マダケ ツツジ類
		樹木の移植・支柱	根回し 支柱法（八つ掛け・鳥居型）
		造園施設施工	春日灯籠 織部灯籠 雪見灯篭
		竹垣	四つ目垣と各部の名称
		造園樹木の管理	害虫チャドガ 病気 赤星病 主伐 間伐 てんぐす病 主幹 側枝 さし木 除伐 対生
			互生 害虫チャドクガ 病気てんぐす病
	農業土木	設計と力学	力の三要素 モーメント 力の釣り合い 応力 ひずみ
		農業の基盤整備	ミティゲーション 客土 混層耕 心土破砕 除礫 不良土層排除 床締め
		水と土の基本的性質	静水圧 パスカルの原理 流速 流量 コロイド 粘土 シルト 砂礫

（注）以上の出題領域は目安であり、文部科学省検定高等学校農業科用教科書「農業と環境」
の内容はすべて対象となります。

2020年度　第2回（１２月１２日実施）

日本農業技術検定　３級　試験問題

※2020年度は第１回（７月11日予定）検定が中止のため第２回のみの掲載となります。

◎受験にあたっては、試験官の指示に従って下さい。
　指示があるまで、問題用紙をめくらないで下さい。
◎受験者氏名、受験番号、選択科目の記入を忘れないで下さい。
◎問題は全部で５０問あります。１～３０が農業基礎、３１～５０が選択科目です。
◎選択科目は４科目のなかから１科目だけ選び、解答用紙に選択した科目をマークして下さい。選択科目のマークが未記入の場合には、得点となりません。
　環境系の４１～５０は造園、農業土木、林業から更に１つ選んで下さい。
　選択科目のマークが未記入の場合には、得点となりません。
◎すべての問題において正答は１つです。１つだけマークして下さい。
　２つ以上マークした場合には、得点となりません。
◎総解答数は、どの選択科目とも５０問です。それ以上解答しないで下さい。
◎試験時間は４０分です（名前や受験番号の記入時間を除く）。

【選択科目】

栽培系	p.22～27
畜産系	p.28～33
食品系	p.34～39
環境系	p.40～53

解答一覧は、「解答・解説編」（別冊）の２ページにあります。

日付			
点数			

農業基礎

1 □□□

「発芽の３条件」として、最も適切なものを選びなさい。
　　①水・温度・光
　　②水・光・酸素
　　③水・温度・酸素
　　④光・温度・酸素

2 □□□

作物の種子には胚乳に栄養分を蓄えた有胚乳種子と、胚乳が退化して子葉に養
分を蓄える無胚乳種子がある。無胚乳種子として、最も適切なものを選びなさい。
　　①ダイズ
　　②トマト
　　③トウモロコシ
　　④イネ

3 □□□

長日植物として、最も適切なものを選びなさい。
　　①キク
　　②イチゴ
　　③バラ
　　④ホウレンソウ

4 □□□

土の団粒構造の形成を促進するための方法として、最も適切なものを選びなさ
い。
　　①化成肥料を施す。
　　②堆肥を入れる。
　　③除草剤を散布する。
　　④同じ畑で同じ作物を続けて栽培する。

5 ☐☐☐

次の用土のうち、固相の割合が最も大きいものとして、適切なものを選びなさい。
①鹿沼土
②砂土
③田土
④腐葉土

☐☐☐

肥料の袋に「3−10−10」と表示があった。この表示の示すものとして、最も適切なものを選びなさい。
①窒素3 kg、リン酸10kg、カリ10kg
②窒素3 kg、リン酸10kg、カルシウム10kg
③窒素3 %、リン酸10%、カリ10%
④窒素3 %、リン酸10%、カルシウム10%

☐☐☐

酸性土壌に弱い野菜として、最も適切なものを選びなさい。
①ホウレンソウ
②サツマイモ
③スイカ
④イチゴ

☐☐☐

酸性土壌を改良する方法として、最も適切なものを選びなさい。
①土壌消毒を行う。
②石灰資材（苦土石灰等）を施用する。
③かん水を行う。
④硫黄粉末を施用する。

☐☐☐

夏季に気温が異常に低かったり、日照が極端に少なかったりするために生じる気象災害の名称として、最も適切なものを選びなさい。
①干害
②寒害
③凍害
④冷害

020年度
第2回度

- 15 -

10 □□□

ナス科の野菜として、最も適切なものを選びなさい。
①キュウリ
②ハクサイ
③ニンジン
④トマト

11 □□□

球根類の草花として、最も適切なものを選びなさい。
①キク
②カーネーション
③ユリ
④アジサイ

12 □□□

雌雄異花の作物として、最も適切なものを選びなさい。
①キュウリ
②トマト
③イネ
④ナス

13 □□□

ハウス温室で栽培するイチゴの受粉に利用されている訪花昆虫として、最も適切なものを選びなさい。
①アシナガバチ
②ヒラタアブ
③セイヨウミツバチ
④テントウムシ

14 □□□

卵肉兼用種のニワトリの品種として、最も適切なものを選びなさい。
①白色レグホーン種
②白色コーニッシュ種
③白色プリマスロック種
④ロードアイランドレッド種

15　□□□

　周年繁殖動物の家畜として、最も適切なものを選びなさい。
　　①ヒツジ
　　②ヤギ
　　③ブタ
　　④ウマ

16　□□□

　ニワトリのふ化に関する説明文で、（　）欄に入る言葉の組み合わせとして、最も適切なものを選びなさい。

　「ふ化を目的とした（　ア　）は、およそ37.8～38℃で温められると約（　イ　）日間でヒナになる。」

　　　　　ア　　　　　　イ
　　①種卵　　　　　　21
　　②有精卵　　　　　13
　　③無精卵　　　　　21
　　④有精卵　　　　　63

17　□□□

　ウシの説明として、最も適切なものを選びなさい。
　　①ブタと同じ雑食性である。
　　②成牛になると雌牛は約21日ごとに発情を繰り返す。
　　③単胃であり、反すうを行う動物である。
　　④ウシは全て同じで、肉用牛と乳用牛の区分はない。

18 □□□

写真の害虫の加害様式として、最も適切なものを選びなさい。
　①食害
　②虫こぶの形成
　③吸汁害
　④茎内に食入

19 □□□

写真の水田雑草の名称として、最も適切なものを選びなさい。
　①メヒシバ
　②オヒシバ
　③カヤツリグサ
　④コナギ

20 □□□

マメ科作物の根に共生する微生物として、最も適切なものを選びなさい。
　①納豆菌
　②根粒菌
　③こうじかび
　④酵母

21 □□□

玄米が精米工程により削り取られる部分の名称として、最も適切なものを選び
なさい。
 ①籾がら
 ②ふすま
 ③ぬか
 ④米粉

22 □□□

消化によってアミノ酸にまで分解され、筋肉や皮膚・血液・酵素に再構成され
る栄養素として、最も適切なものを選びなさい。
 ①糖質
 ②タンパク質
 ③脂質
 ④無機塩類

23 □□□

発酵食品でない食品として、最も適切なものを選びなさい。
 ①納豆
 ②味噌
 ③ヨーグルト
 ④豆腐

24 □□□

農業所得を求める計算式の（ ）に入る語句として、最も適切なものを選び
なさい。

農業所得 ＝ （   ） － 農業経営費

 ①家族労働報酬
 ②当期純利益
 ③農業粗収益
 ④売上総利益

25 ☐☐☐

近年のわが国の自給率が最も低い品目として、適切なものを選びなさい。
　①豆類
　②米
　③砂糖類
　④鶏卵

26 ☐☐☐

農業経営を行う際に、関係する法律に則した点検項目について、実施・記録・点検・評価し、持続的な改善活動を行うことを前提とした仕組みとして、最も適切なものを選びなさい。
　① GAP
　② GDP
　③ GUP
　④ GNP

27 ☐☐☐

美しい農村景観を楽しむだけでなく、農家に長期間滞在して農業体験など農村の自然・文化・人々との交流を楽しむ余暇活動として、最も適切なものを選びなさい。
　①ガーデニング
　②市民農園
　③グリーン・ツーリズム
　④定年帰農

28 ☐☐☐

「スマート農業」の説明として、最も適切なものを選びなさい。
　①再生可能エネルギーを活用した農業
　②農福連携による農業
　③環境保全に配慮した農業
　④ロボット、AIなどの先端技術を導入した農業

29 □□□

面積10a は何㎡か、最も適切なものを選びなさい。
①10,000㎡
②1,000㎡
③100㎡
④10㎡

30 □□□

写真の機械の名称として、最も適切なものを選びなさい。
①田植え機
②コンバイン
③バインダ
④ディスクハロー

選択科目（栽培系）

31 □□□

種もみの構造を示した下図のうち、胚乳として最も適切なものを選びなさい。

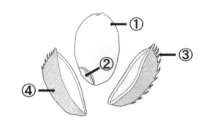

32 □□□

ジャガイモの記述として、最も適切なものを選びなさい。
①マメ科の作物で、地下部のストロン（ふく枝）の先端が肥大して塊状になった根を食用とする。
②収穫後、成長を停止した状態になって休眠し、それ以降は芽が出ることはない。
③栽培期間が短く、寒冷地でも比較的安定した収量が得られる救荒作物である。
④ジャワ原産の作物で暖かい気候に適し、やせた土地でも栽培できる。

33 □□□

生食用、缶詰用に利用されるトウモロコシとして、最も適切なものを選びなさい。
①スイートコーン（甘味種）
②ポップコーン（爆裂種）
③フリントコーン（硬粒種）
④デントコーン（馬歯種）

34 □□□

イネの葉の形態を表した図のうち、葉身として最も適切なものを選びなさい。

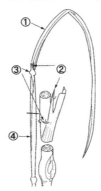

35 □□□

水稲における「中干し」の説明として、最も適切なものを選びなさい。
　①田植え直後に活着をよくするため、浅水にする。
　②土に酸素を入れ、根の健全化と無効分げつを抑えるために水を落とす。
　③幼穂分化をさせるために、落水とかんがいを繰り返す。
　④田面を乾かし、収穫時の機械作業を円滑にするために水を落とす。

36 □□□

トウモロコシのF_1ハイブリッドについて、最も適切なものを選びなさい。
　①F_1ハイブリッドは両親よりも生育が旺盛で収量や品質がよい。
　②F_1ハイブリッドで得た形質は、その後の2代、3代へと継続される。
　③F_1ハイブリッドはメンデルの法則とは関係ない。
　④トウモロコシにはF_1品種の利用はない。

37 □□□

スイカの「つるぼけ」の原因として、最も適切なものを選びなさい。
　①高温、多湿
　②低温、日照不足
　③土壌の乾燥
　④窒素成分の過多

38 □□□

　トマトは第1花房をつけた後、何枚の葉が出た後に次の花房をつけるか、最も適切なものを選びなさい。
　　①1枚
　　②3枚
　　③4枚
　　④5枚

39 □□□

　ハクサイの収穫適期の見分け方として、最も適切なものを選びなさい。
　　①結球の頭部を押さえ、硬くしまっているもの。
　　②結球部の全体を押さえ、柔らかな感じのするもの。
　　③結球の外葉の色を見て、緑色から黄色に変わってきたもの。
　　④結球の大きさを見て、大きいものから順に。

40 □□□

　ダイコンの岐根のおもな発生原因として、最も適切なものを選びなさい。
　　①肥料不足
　　②土壌の乾燥
　　③土壌の団粒構造の発達
　　④未熟堆肥の直前施用

41 □□□

　さし芽で増殖する草花として、最も適切なものを選びなさい。
　　①キク
　　②プリムラ
　　③パンジー
　　④スイセン

次の写真の中から、ペチュニアを選びなさい。

①　　　　　　　　　②

③　　　　　　　　　④

写真の種子の草花名として、最も適切なものを選びなさい。
　①パンジー
　②スイートピー
　③マリーゴールド
　④ヒマワリ

2020年度 第2回

44 □□□

チューリップの球根として、最も適切なものを選びなさい。

①   ②   ③   ④

45 □□□

ベゴニアなどの微細粒種子を育苗箱に播いた時、底面給水する理由として、最も適切なものを選びなさい。
  ①明発芽種子のため。
  ②種子のある部分の土が加湿にならないようにするため。
  ③微細粒種子がかん水と共に土の中に入っていかないようにするため。
  ④播いた種子が水で流れ出ないようにするため。

46 □□□

次の草花のうち、初夏の花壇に向くものとして、最も適切なものを選びなさい。

①   ②   ③   ④

   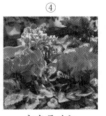

ハボタン   サイネリア   ベゴニア・   シクラメン
                                センパフローレンス

47 □□□

一般にハサミを使用せずに収穫するものとして、最も適切なものを選びなさい。
  ①ウンシュウミカン
  ②ナシ
  ③カキ
  ④ブドウ

48 □□□

写真はカンキツの苗木を作る作業の様子である。このような繁殖方法の名称として、最も適切なものを選びなさい。
　①さし木
　②株分け
　③取り木
　④接ぎ木

49 □□□

果樹の苗木生産における実生繁殖法とは何か、最も適切なものを選びなさい。
　①接ぎ木による繁殖法
　②ウイルスフリー苗の利用法
　③種子から繁殖させる方法
　④さし木による繁殖法

50 □□□

写真の幼虫によって被害を受ける作物の科名として、最も適切なものを選びなさい。
　①ナス科
　②ウリ科
　③アブラナ科
　④イネ科

選択科目（畜産系）

31 ☐☐☐

ニワトリの消化器系で胃酸を分泌する器官として、最も適切なものを選びなさい。
①筋胃
②腺胃
③胆のう
④そのう

32 ☐☐☐

多産鶏の特徴として、最も適切なものを選びなさい。
①とさかが白っぽく縮んでいる。
②総排せつ腔が小さく締まり乾いている。
③くちばしや耳だなどに黄色の色素が沈着している。
④ち骨と胸骨の間隔が広く、総排せつ腔が湿っている。

33 ☐☐☐

ニワトリの飼育方法として、最も適切なものを選びなさい。
①4週齢までは温度管理が必要である。
②飼育する方法は、放牧と平飼いの2つに分けられる。
③経済寿命が短いため、予防接種は行わない。
④バタリー飼育の場合は、飼育密度に配慮する必要がない。

34 ☐☐☐

卵の鮮度を示す指標として、卵重と卵白の高さを測定して表される数値を何というか、最も適切なものを選びなさい。
①卵白係数
②ハウユニット
③平均卵重
④卵黄係数

35 □□□

写真の器具を用いてニワトリのくちばしの先端を焼き、伸長しないようにすることを何というか、最も適切なものを選びなさい。
　①ワクチン接種
　②カンニバリズム
　③デビーク
　④ペックオーダー

36 □□□

ワクチン接種が有効なニワトリの病気として、最も適切なものを選びなさい。
　①マイコプラズマ感染症
　②ニューカッスル病
　③鶏コクシジウム症
　④乳房炎

37 □□□

ブタの品種の中型種として、最も適切なものを選びなさい。
　①バークシャー種
　②ランドレース種
　③デュロック種
　④大ヨークシャー種

38 □□□

ブタの図の（ア）の測定部位の名称として、最も適切なものを選びなさい。
　①体高
　②胸深
　③後幅
　④体長

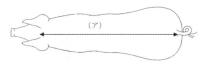

39 □□□

次の説明の［A］［B］に入る言葉の組み合わせとして、最も適切なものを選びなさい。

「1 kg の体重増加に要した飼料の量（kg）の割合を［　　A　　］といい、その逆数の 1 kg の飼料でどれだけ体重（kg）が増加したかの割合を［　　B　　］という。」

	A	B
①	飼料効率	飼料要求率
②	必要飼料量	平均増体量
③	飼料要求率	飼料効率
④	体重増加量	平均増体量

40 □□□

日本における家畜の飼育形態と飼育法の説明として、最も適切なものを選びなさい。
①ウシのつなぎ飼いは、土地利用型畜産である。
②開放型畜舎では、年間を通して一定した環境で家畜を飼育することができる。
③無窓型畜舎は、伝染性の病気に感染しても急速に伝染するのを防ぐことができる。
④日本は農地面積が小さいため、施設利用型畜産が盛んである。

41 □□□

家畜の粗飼料として、最も適切なものを選びなさい。
①コムギ
②牧草
③ふすま
④ダイズ粕

42 □□□

家畜の伝染病について、最も適切なものを選びなさい。
①家畜法定伝染病は、人と家畜が共通してかかる感染症のことである。
②家畜法定伝染病が発生した場合は、1か月程度様子を見てから報告する。
③家畜法定伝染病には、鶏痘や伝染性気管支炎などがある。
④家畜法定伝染病と届出伝染病を合わせて監視伝染病という。

43 □□□

写真の器具の使用用途として、最も適切なものを選びなさい。

 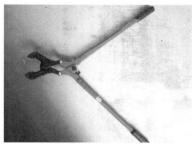

①除角
②去勢
③削蹄
④断尾

44 □□□

写真の機械の使用用途として、最も適切なものを選びなさい。

①牧草の乾燥
②牧草の梱包
③ラップサイレージ調製
④サイレージの集草

45 □□□

鶏卵の加工特性を利用した加工品の加工特性（A）と加工品（B）の組み合わせとして、最も適切なものを選びなさい。

　　　（A）　－（B）
①熱凝固性－卵焼き
②乳化性　－ゆで卵
③乳化性　－スポンジケーキ
④起泡性　－マヨネーズ

46 □□□

写真の乳牛の品種名として、最も適切なものを選びなさい。
①ガンジー種
②エアシャー種
③ブラウンスイス種
④ジャージー種

47 □□□

写真の機械の名称として、最も適切なものを選びなさい。
①集乳車
②ディッピング
③ミルカー
④バルククーラ

48 □□□

ウシの乳生産の説明として、最も適切なものを選びなさい。
①雌牛は、発情が来ると乳分泌が始まる。
②1Lの乳を生産するためには、乳房の中を約400〜500Lの血液が循環する必要がある。
③搾乳中にストレスを与えるとオキシトシンというホルモンが分泌され、乳量が減少する。
④搾乳は1日4回、6時間間隔で行うのが一般的である。

49 ☐☐☐

写真の牛の部位Ａの名称として、最も適切なものを選びなさい。
①肩端
②寛
③乳動脈
④飛節

50 ☐☐☐

飼育羽数315羽（うち雄鶏15羽）で、1日に174個の産卵があった。この時の産卵率として、最も適切なものを選びなさい。
①52％
②55％
③58％
④61％

選択科目（食品系）

31 □□□

　食品が備えるべき特性の中でエネルギー補給・体機能調節に必要なものとして、最も適切なものを選びなさい。
　　①形状・香り
　　②重金属・異物
　　③糖質・ビタミン
　　④味・テクスチャー

32 □□□

　マーガリンの特徴として、最も適切なものを選びなさい。
　　①発酵させた牛乳でつくられている。
　　②植物油を硬化し、乳成分等を添加してつくられている。
　　③動物性油脂100％でできている。
　　④油脂含有率は80％未満に抑えられている。

33 □□□

　空気中の酸素を減らし炭酸ガスを増やすなど、空気の組成を変えて青果物を貯蔵する方法として、最も適切なものを選びなさい。
　　①冷却貯蔵
　　②冷凍貯蔵
　　③CA 貯蔵
　　④氷温貯蔵

34 □□□

乾燥による食品の保存の説明として、最も適切なものを選びなさい。
　①空気乾燥は、食品に加熱・乾燥した空気を食品にあて、水分を蒸発させる
　　方法である。
　②乾燥により、食品の水分活性は高くなる。
　③食品中の水分のうち、結合水は乾燥によってたやすく除かれる。
　④食品を乾燥させることで、脂肪の酸化を防ぐことができる。

35 □□□

食中毒に関する説明として、最も適切なものを選びなさい。
　①毒素型食中毒には、カンピロバクターによるものがある。
　②感染型食中毒には、サルモネラ菌によるものがある。
　③黄色ブドウ球菌は、テトロドトキシンという毒性物質を生産する。
　④腸炎ビブリオ菌は、3〜4％の食塩水中でよく発育する毒素型食中毒菌で
　　ある。

36 □□□

　軽量で加工しやすく、食品の成分と反応しない長所とともに、分解しにくく再
利用しにくい欠点がある包装材料として、最も適切なものを選びなさい。
　①ガラス
　②金属
　③紙
　④プラスチック

37 □□□

　食パンの製造での直ごね法と中種法を比較した説明として、最も適切なものを
選びなさい。
　①中種法は直ごね法に比べ、デンプンの老化が遅い。
　②中種法は直ごね法に比べ、発酵時間が短く、原料の風味が出る。
　③直ごね法は中種法に比べ、機械耐性があり、大規模生産に向いている。
　④直ごね法は中種法に比べ、発酵時間が長い。

38 □□□

うどん類を太さで分類したときに最も細い麺として、適切なものを選びなさい。
　①うどん
　②ひやむぎ
　③そうめん
　④きしめん

39 □□□

写真の豆類に最も多く含まれる成分として、適切なものを選びなさい。
　①炭水化物
　②脂質
　③タンパク質
　④ビタミン

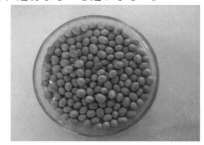

40 □□□

豆腐の凝固剤として使用できる食品添加物として、最も適切なものを選びなさい。
　①水酸化ナトリウム
　②硫酸銅
　③硫酸カリウム
　④硫酸カルシウム

41 □□□

グルコマンナンが主成分の加工品として、最も適切なものを選びなさい。
　①ポテトチップ
　②しらたき
　③いも焼ちゅう
　④わらび餅

42 □□□

漬け物の特徴として、最も適切なものを選びなさい。
　①野菜の細胞内の酵素による自己消化により、野菜特有の青臭さやあくが増える。
　②野菜表面にある酪酸菌や酵母の発酵作用により、有機酸やエタノールが減る。
　③野菜を食塩水に漬けると、浸透圧の差によって水分が細胞内に蓄積する。
　④野菜の細胞が脱水され、原形質分離を起こし、野菜が柔軟になる。

43 □□□

日本で最も多く生産されているジャムとして、適切なものを選びなさい。
　①ブルーベリー
　②リンゴ
　③マーマレード
　④イチゴ

44 □□□

香辛料の「ローレル」の説明として、最も適切なものを選びなさい。
　①月桂樹とも呼ばれ、クスノキ科の葉
　②ニクズク科のニクズクの種子から種皮を除いた部分
　③アブラナ科のカラシナの種子
　④ショウガ科の多年草のウコン

45 □□□

　豚の肩肉、ロース肉又はもも肉を整形し、塩漬けし、ケーシング等で包装した後、低温でくん煙し、又はくん煙しないで乾燥したハム（ボイルしない）として、最も適切なものを選びなさい。
　①ボンレスハム
　②ラックスハム
　③ショルダーハム
　④ロースハム

46 □□□

くん煙に多く用いられる木材として、最も適切なものを選びなさい。
①サクラ
②ヒノキ
③モミジ
④マツ

47 □□□

２Lのミックスから３Lのアイスクリームができたときのオーバーラン（％）
として、最も適切なものを選びなさい。
①40%
②50%
③55%
④60%

48 □□□

バターに関する説明として、最も適切なものを選びなさい。
①バターの黄色は、牧草中に含まれているカロテノイドと呼ばれる水溶性色
　素である。
②バターは水中油滴型で乳化している。
③バターと表示されるのは、脂肪分約75%以上、水分約20%以下と定められ
　ている。
④バターは、クリームをかくはんし、生じた脂肪粒を集めて固め練り上げた
　ものである。

49 □□□

鶏卵を65℃の湯中で60分間保温したときの卵白と卵黄の状態の組み合わせとし
て、最も適切なものを選びなさい。
①卵白：凝固しない　　－　　卵黄：凝固しない
②卵白：凝固しない　　－　　卵黄：わずかに凝固する
③卵白：凝固する　　　－　　卵黄：わずかに凝固する
④卵白：凝固する　　　－　　卵黄：凝固する

50 □□□

　しょうゆ製造において、発酵熟成させたもろみを圧搾装置でろ過した液体の名
称として、最も適切なものを選びなさい。
　　①白しょうゆ
　　②たまりしょうゆ
　　③生揚げしょうゆ
　　④薄口しょうゆ

選択科目（環境系）

31 ☐☐☐

次の図面の中心線に用いる線の名称として、最も適切なものを選びなさい。

－－－－－－－－－－－－－

①太い実線
②細い実線
③細い一点鎖線
④細い二点鎖線

32 ☐☐☐

縮尺100分の1の設計図では、図上1cmの長さは実際にはいくらか、最も適切なものを選びなさい。
①10cm
②15cm
③100cm
④150cm

33 ☐☐☐

写真の製図用具の名称として、最も適切なものを選びなさい。
①テンプレート
②コンパス
③スプリングコンパス
④ディバイダ

34 ☐☐☐

平板測量において、測点より地形や地物を測定する細部測量として、最も適切なものを選びなさい。
①スタジア法
②交会法
③道線法
④放射法

35 ☐☐☐

水準測量で次の意味として、最も適切なものを選びなさい。

「 BM 」

①もりかえ点
②水準点
③未知点
④中間点

36 □□□

　森林の多面的機能として「フィトンチッド」（樹木から発散される殺菌性のある芳香性物質）と関係のあるものとして、最も適切なものを選びなさい。
　　①水源かんよう機能
　　②国土保全機能
　　③地球温暖化防止機能
　　④保健・レクリエーション機能

37 □□□

写真の森林の名称として、最も適切なものを選びなさい。
　　①スギの人工林
　　②アカマツの天然林
　　③クヌギの人工林
　　④コナラの天然林

38 □□□

　次のうち、針葉樹として、最も適切なものを選びなさい。
　　①コナラ
　　②クヌギ
　　③ブナ
　　④カラマツ

39 □□□

　日本の森林面積の割合として、最も適切なものを選びなさい。
　　①国土の約3分の2
　　②国土の約2分の1
　　③国土の約3分の1
　　④国土の約4分の1

40 □□□

写真の機械の名称と、この機械を使用した林業の作業の組み合わせとして、最も適切なものを選びなさい。

①枝打ち機　　 － 　枝打ち
②チェーンソー　 － 　伐採
③刈払機　　 － 　下刈り
④玉切り機　　 － 　玉切り

選択科目
（環境系）（造園）

※環境系の選択者は、造園、農業土木、林業のうち1分野を、選択して下さい（複数分野を選択すると不正解となります）。

41 □□□

写真の灯籠の最下段の名称として、最も適切なものを選びなさい。
①宝珠
②火袋
③中台
④基礎

42 □□□

写真の病害の名称として、最も適切なものを選びなさい。
①チャドクガ
②赤星病
③てんぐす病
④うどん粉病

43 □□□

写真の樹木名として、最も適切なものを選びなさい。
① イロハカエデ
② ウバメガシ
③ ツバキ
④ スギ

44 □□□

写真の四ツ目垣の柱の名称として、最も適切なものを選びなさい。
① 床柱
② 親柱
③ 胴柱
④ 間柱

45 □□□

回遊式庭園の説明として、最も適切なものを選びなさい。
① 枯山水式庭園ともいい長方形の庭園
② 花木を多く用いた正方形の庭園
③ 茶室に至るまでの庭園
④ 大名庭園ともいい広い庭園

アメリカのニューヨーク市にある有名な公園として、最も適切なものを選びなさい。

①セントラルパーク
②ハイドパーク
③クラインガルテン
④ブローニュの森

透視図の説明として、最も適切なものを選びなさい。
①各種施設構造を詳しく示す図面
②構造物を垂直に切り、水平方向から見た図面
③完成予想図として一般の人々にもわかりやすい図面
④地上部の立面を描いた図面

都市公園法による次の公園として、最も適切なものを選びなさい。

「一か所当たり面積0.25ヘクタールを標準として配置する。」

①運動公園
②地区公園
③近隣公園
④街区公園

樹木の繁殖方法の説明として、最も適切なものを選びなさい。
①株分け・・・播種により繁殖させる方法。
②さし木・・・同一品種を増やすような場合に一般的な方法。
③取り木・・・バイオテクノロジーの技術を用いて大量生産する方法。
④実生・・・・生育している樹木を分割して増殖する方法。

50 □□□

次の樹木支柱の名称として、最も適切なものを選びなさい。

①八つ掛け
②布掛け
③鳥居形
④添木

（写真）

（図）

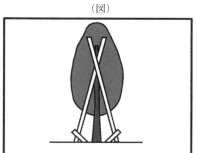

選択科目
（環境系）（農業土木）

※環境系の選択者は、造園、農業土木、林業のうち1分野を、選択して下さい（複数分野を選択すると不正解となります）。

41 ☐☐☐

土地改良法の「心土破壊」の説明として、最も適切なものを選びなさい。
　①硬くしまった土層に亀裂を入れ膨軟にし、透水性と通気性を改善する。
　②ほ場の土を運び出し、新たに良い状態の土と入れ替え、作土厚の増加、作土の理化学性の改良を図る。
　③表土にある障害となっている石を取り除き、生育環境の改善と農業機械の作業性の向上を図る。
　④作物の生産に障害となる土層を対象として、他の場所に集積したり、作土層下に深く埋め込む工法。

42 ☐☐☐

土地改良の方法とその説明として、最も適切なものを選びなさい。
　①不良層排除・・・下層土に肥沃な土層がある場合に、耕起、混和、反転などを行い、作土の改良を図る。
　②除礫・・・・・表土にある障害となっている石を取り除き、生育環境の改善と農業機械の作業性の向上を図る。
　③混層耕・・・・ほ場の土を運び出し、新に良い状態の土と入れ替え、作土厚の増加、作土の理化学性の改良を図る。
　④客土・・・・・作物の生産に障害となる土層を対象として、他の場所に集積したり、作土層下に深く埋め込む。

43 ☐☐☐

「開発に伴う環境・生態系への影響を緩和する手段」の意味で使われている用語として、最も適切なものを選びなさい。
　①マスタープラン
　②ビオトープネットワーク
　③プロジェクト
　④ミティゲーション

44 □□□

　ミティゲーションの5原則における「回避」にあたる事例として、最も適切なものを選びなさい。
　　①魚が遡上できる落差工を設置する。
　　②動物の移動経路を確保するため、暗きょ等を設置する。
　　③生態系拠点を避けて道路線形の計画をする。
　　④水路底部やのり面の土を一時保存、工事後復旧する。

45 □□□

　ナットをスパナで回すように、ある点に対して回転させようとする作用を何というか、最も適切なものを選びなさい。
　　①てこの原理
　　②偶力
　　③力のモーメント
　　④バリニオンの定理

46 □□□

　図の支点にかかる力のモーメントとして、最も適切なものを選びなさい。
　　①10N・m
　　②40N・m
　　③400N・m
　　④4000N・m

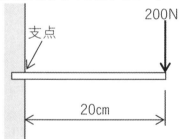

47 □□□

　鋼材などの部材において、軸方向応力とひずみには、ある範囲内で比例の関係が成立する。この説明に該当するものとして、最も適切なものを選びなさい。
　　①フックの法則
　　②ポアソン比
　　③バリニオンの定理
　　④モーメント法

48 □□□

長さ300㎜の部材を引っ張ったところ、部材の長さが309㎜になった。このときの部材のひずみとして、最も適切なものを選びなさい。
　①33.33
　②1.03
　③0.97
　④0.03

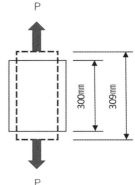

P

300㎜　309㎜

P

49 □□□

断面積0.5㎡の部材に50kN の力で作用しているとき、部材内部に生じる軸方向応力として、最も適切なものを選びなさい。
　①200kPa
　②100kPa
　③50kPa
　④25kPa

50 □□□

図のような断面の水路に流速0.4m／sで水が流れているときの流量が0.80㎡／sのときの水位（ア）として、最も適切なものを選びなさい。
　①0.16m
　②0.25m
　③0.8m
　④1.0m

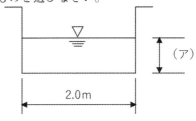

（ア）

2.0m

選択科目
（環境系）（林業）

※環境系の選択者は、造園、農業土木、林業のうち1分野を、選択して下さい（複数分野を選択すると不正解となります）。

41 □□□

本州中部において、標高が高くなるにつれて変化する植生分布の順序として、最も適切なものを選びなさい。
①低山帯林　→　山地帯林　→　亜高山帯林　→　ハイマツ低木林
②ハイマツ低木林　→　低山帯林　→　山地帯林　→　亜高山帯林
③ハイマツ低木林　→　亜高山帯林　→　低山帯林　→　山地帯林
④低山帯林　→　ハイマツ低木林　→　山地帯林　→　亜高山帯林

42 □□□

森林土壌についての説明として、最も適切なものを選びなさい。
①土壌の断面を見て、上部の表層土壌をA層という。
②土壌の断面を見ると、上部の層には土壌生物はあまり見られない。
③土壌の断面を見ると、上部の層には植物の成長に必要な養分等は含まれない。
④日本の森林に広く分布する代表的な土壌はポドゾルである。

43 □□□

「法正林」の説明として、最も適切なものを選びなさい。
①現在の実際の森林は法正林に近い。
②毎年、均等に収穫できる樹木が生育している。
③伐採可能な年齢の樹木が多く配置されている。
④毎年の成長量を超えない範囲で樹木を伐採するが、植林は行わない。

44 □□□

森林の所有形態のうち「公有林」の説明として、最も適切なものを選びなさい。
①林野庁が所管しており、日本の森林面積の約3割を占める。
②国有林は公有林に含まれる。
③個人や会社が所有している森林。
④民有林の中に公有林は含まれる。

45 □□□

森林の植生と代表的な樹木の組み合わせとして、最も適切なものを選びなさい。
①亜熱帯林－スギ
②暖温帯林－トドマツ
③冷温帯林－ブナ
④亜寒帯林－カエデ

46 □□□

アカマツの説明として、最も適切なものを選びなさい。
①日本の固有種であり、材は加工しやすく主に建築用材に用いられる。
②材は木炭の原料やシイタケ原木に用いられる。
③材は古くから重要な建築用材として重用され、特に寺院や神社の建築にも用いられている。
④土壌に対する適応力が強く乾燥に強く、材は強度があり建築材の梁などに利用される。

47 □□□

森林の成長に伴う保育作業の順序として、最も適切なものを選びなさい。
①下刈り　→　除伐　→　間伐
②下刈り　→　間伐　→　除伐
③間伐　→　下刈り　→　除伐
④間伐　→　除伐　→　下刈り

48 □□□

木材生産の作業に関する次の記述の名称として、最も適切なものを選びなさい。

「伐採した樹木の枝を払い、利用目的に応じた長さに切る『玉切り』を行って木材にする。」

①集積
②伐採
③造材
④集材

49 □□□

伐採方法に関する次の記述の名称として、最も適切なものを選びなさい。

「一定期間ごとに大きな林木を中心に、部分的に伐採する方法で、環境保全機能が高い伐採方法。」

①皆伐法
②択伐法
③漸伐法
④母樹保残法

50 □□□

森林の測定方法に関する次の記述に該当するものとして、最も適切なものを選びなさい。

「林分全域の中の、一定面積の代表的な区域を選んで設定する。」

①毎木調査法
②リモートセンシング法
③ドローン調査法
④標準地法

２０１９年度　第１回（７月１３日実施）

日本農業技術検定　３級　試験問題

○受験にあたっては、試験官の指示に従って下さい。
　指示があるまで、問題用紙をめくらないで下さい。
○受験者氏名、受験番号、選択科目の記入を忘れないで下さい。
○問題は全部で５０問あります。１～３０が農業基礎、３１～５０が選択科目です。
○選択科目は４科目のなかから１科目だけ選び、解答用紙に選択した科目をマークして下さい。選択科目のマークが未記入の場合には、得点となりません。
　環境系の４１～５０は造園、農業土木、林業から更に１つ選んで下さい。
　選択科目のマークが未記入の場合には、得点となりません。
○すべての問題において正答は１つです。１つだけマークして下さい。
　２つ以上マークした場合には、得点となりません。
○総解答数は、どの選択科目とも５０問です。それ以上解答しないで下さい。
○試験時間は４０分です（名前や受験番号の記入時間を除く）。

【選択科目】

栽培系	p.66～71
畜産系	p.72～76
食品系	p.77～82
環境系	p.83～96

解答一覧は、「解答・解説編」（別冊）の３ページにあります。

日付			
点数			

農業基礎

1　□□□

　下の写真は左が雄穂、右が雌穂である。雄穂と雌穂を有するこの作物の科名として最も適切なものを選びなさい。

①イネ科
②マメ科
③ウリ科
④アブラナ科

2 □□□

　下の写真は左が開花、右が結実の野菜である。この野菜の科名として最も適切なものを選びなさい。

　　①アブラナ科
　　②ウリ科
　　③マメ科
　　④ナス科

3 □□□

　同じ種類の野菜で「早生品種」の特性として、最も適切なものを選びなさい。
　　①生育期間が短く、他の品種より早く収穫できる品種
　　②草丈の伸長速度が最も早い品種
　　③結実してから最も早く熟期を迎える品種
　　④播種してから発芽までが最も早い品種

4 □□□

　写真の果実を利用する野菜の科名を選びなさい。
　　①アブラナ科
　　②ナス科
　　③ウリ科
　　④ユリ科

利用部位による野菜の組み合わせで、最も適切なものを選びなさい。
①ニンジン　　　－　　　葉菜類
②キャベツ　　　－　　　根菜類
③トマト　　　　－　　　果菜類
④ネギ　　　　　－　　　根菜類

わが国で生産額の多い果樹（2015年現在）上位3つについて、最も適切なものを選びなさい。

	第1位	第2位	第3位
①	ウンシュウミカン	リンゴ	ブドウ
②	リンゴ	ウンシュウミカン	ニホンナシ
③	ウンシュウミカン	リンゴ	カキ
④	リンゴ	ウンシュウミカン	モモ

次の作物のうち、無胚乳種子として最も適切なものを選びなさい。
①イネ
②トウモロコシ
③トマト
④ダイズ

□□□

写真に示す葉菜類の科名として、正しいものを選びなさい。

①マメ科
②ウリ科
③アブラナ科
④ナス科

9 □□□

酸性土壌において生育不良となりやすい野菜として、最も適切なものを選びなさい。
①ホウレンソウ
②サトイモ
③スイカ
④ダイコン

10 □□□

　生育の全期間を通して発生し、イネの病気では一番被害が大きい写真の病害として、最も適切なものを選びなさい。

　①立ち枯れ病
　②葉枯れ病
　③紋枯れ病
　④いもち病

11 □□□

　この害虫の加害様式として、最も適切なものを選びなさい。
　　①食害
　　②吸汁害
　　③茎への食入
　　④虫こぶの形成

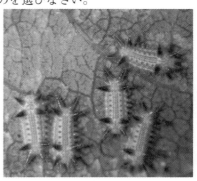

12 □□□

写真のような色彩粘着シートを利用した害虫防除対策として、最も適切なものを選びなさい。
　　①化学的防除法
　　②生物的防除法
　　③物理的防除法
　　④耕種的防除法

13 □□□

塩類集積に関する説明として、最も適切なものを選びなさい。
　　①塩類集積とは土壌中の塩分濃度が高くなることである。
　　②塩類集積をおこすと土を全て入れ替えなければならない。
　　③塩類集積とは土に残留した塩類が蓄積されることである。
　　④塩類集積は施設よりも露地の方が発生しやすい。

14 □□□

有機質肥料として、最も適切なものを選びなさい。
　　①苦土石灰
　　②油かす
　　③鹿沼土
　　④化学肥料

15 □□□

土壌には粘土と砂の割合が土性によって違いがあるが、粘土割合の高い順に並べたものはどれか、最も適切なものを選びなさい。
　　①しょく土＞壌土＞砂壌土
　　②壌土＞砂壌土＞しょく土
　　③砂土＞しょく土＞壌土
　　④砂壌土＞しょく土＞砂土

16 □□□

土壌の酸性を中和する資材として、最も適切なものを選びなさい。
　①ピートモス
　②苦土石灰
　③鹿沼土
　④硫安

17 □□□

緩効性肥料の説明として、最も適切なものを選びなさい。
　①施用後一定期間が経過した後に肥効があらわれる。
　②施肥直後からゆっくりと肥効があらわれ、一定期間持続する。
　③施肥直後から肥効があらわれるが長続きはしない。
　④地温が高くなると肥効があらわれる。

18 □□□

アメリカで改良された写真のブタの品種として、最も適切なものを選びなさい。
　①大ヨークシャー種
　②ランドレース種
　③バークシャー種
　④デュロック種

19 □□□

写真の乳牛の品種名として、最も適切なものを選びなさい。
　①ホルスタイン種
　②ジャージー種
　③黒毛和種
　④ランドレース種

20 □□□

動物のもつ癒し効果を人間の病気治療に取り入れることを何というか、最も適切なものを選びなさい。
　　①ペット動物
　　②動物愛護
　　③動物トリマー
　　④動物介在療法（アニマルセラピー）

21 □□□

肥料に関する記述として、最も適切なものを選びなさい。
　　①硫安は遅効性肥料である。
　　②油かすは速効性肥料である。
　　③化成肥料のうち N，P，K の合計含量が20％以上のものを高度化成肥料という。
　　④肥効が緩やかに長期間持続するものを、緩効性肥料という。

22 □□□

農産物はさまざまな栄養素を含んでいる。タンパク質を30％以上含む農産物として、最も適切なものを選びなさい。
　　①サツマイモ
　　②ダイズ
　　③コムギ
　　④ゴマ

23 □□□

グルテン含量の最も多く粘弾性が強い小麦粉として、最も適切なものを選びなさい。
　　①中力粉
　　②強力粉
　　③薄力粉
　　④デュラム粉

24 □□□

デンプンや植物油などの食品に加工したり、バイオエタノールの原料として利用されている穀類として、最も適切なものを選びなさい。
　①米
　②小麦
　③トウモロコシ
　④ソバ

25 □□□

農業において、食品安全、環境保全、労働安全等の持続可能性を確保するための生産工程管理に関する用語として、最も適切なものを選びなさい。
　① FAO
　② GAP
　③ HACCP
　④ WTO

26 □□□

耕地面積10a 以上で農業を営む世帯、または、1年間の販売額が15万円以上の世帯の名称として、最も適切なものを選びなさい。
　①農家
　②販売農家
　③農地所有適格法人
　④集落営農

27 □□□

規模拡大の方法について、次の（　　）内にあてはまる語句として、最も適切なものを選びなさい。

「経営耕地面積を多く必要とするタイプの土地利用型農業経営において（　　）が進めば、規模拡大の機会が増える。」

　①農地の流動化
　②経営ビジョンの策定
　③分業の利益
　④経営継承

28 □□□

生態系の生物部分は大きく「生産者」、「消費者」、「分解者」にわけられる。「生産者」にあてはまるものとして、最も適切なものを選びなさい。
　　①土壌
　　②動物
　　③植物
　　④菌類

29 □□□

次の記述の（　　）内にあてはまる語句として、最も適切なものを選びなさい。

「『生物の（　　　　）に関する条約』は、1992年のリオデジャネイロ地球サミットで発議され、1993年に発効した国際条約である。」

　　①多様性
　　②調和
　　③保全
　　④環境

30 □□□

美しい農村景観を楽しむだけでなく、農村に長時間滞在して農業体験など農村の自然・文化・人々との交流を目的としたものを何と呼ぶか、最も適切なものを選びなさい。
　　①集落営農
　　②グリーンツーリズム（農泊）
　　③ビオトープ
　　④市民農園

31 □□□

イネの水管理として、最も適切なものを選びなさい。
①田植え後は、活着するまで苗が水没しない範囲で深水にする。
②田植え後は、浅水にして、活着を促す。
③苗の活着後は、深水にすることで分げつを促す。
④田植え後は、直ちに中干しを行って分げつを促す。

32 □□□

ダイズの発芽特性として、最も適切なものを選びなさい。
①ダイズは有胚乳種子である。
②たねまきの際には覆土を2〜3cmをめやすとし、厚さに差が出ないようにする。
③発芽に必要な地温は5℃程度で十分である。
④発芽には光と水と窒素が必要である。

33 □□□

ジャガイモの貯蔵に関する説明として、正しいものを選びなさい。
①氷点下になるような寒冷地では外気に触れさせることで、越冬させることができる。
②収穫後は気温2〜4℃、湿度80〜95％の冷暗所で貯蔵する。
③収穫後は光に当たっても緑化しないので、日光に当てておくことが望ましい。
④貯蔵中は酸素を必要としないので、真空包装が最適である。

34 □□□

　トマトについて、最も適切なものを選びなさい。
　①南米原産のため高温の障害は受けない。
　②ウリ科の植物である。
　③第一花房は本葉8〜10節に、それ以降は3節ごとに着果する。
　④開花後20日で収穫する。

35 □□□

　写真に示すトマトの病気として、最も適切なものを選びなさい。

　①葉かび病
　②ウイルス病
　③えき病
　④灰色かび病

36 □□□

　写真のキャベツ、ハクサイ、ブロッコリー、ダイコン、コマツナなど野菜を食害する害虫（終齢幼虫は10mm 程度）の名称として、最も適切なものを選びなさい。
　　①ツマグロヨコバイ
　　②ネキリムシ
　　③ヨトウムシ
　　④コナガ

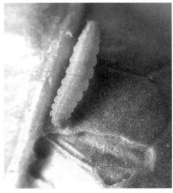

37 □□□

　サツマイモの植え付けとして、最も適切なものを選びなさい。
　　①植え付けは地温が10℃以下の低い時期の方が活着が良い。
　　②直立植えは塊根（イモ）の数は少なくなる。
　　③斜め植えはマルチ栽培では作業速度が遅い。
　　④水平植えは塊根数を確保しづらく、大きさが不揃いになる。

38 □□□

　次の用土のうち、気相の割合が最も小さいものとして、最も適切なものを選びなさい。
　　①赤玉土
　　②砂土
　　③田土
　　④腐葉土

39 □□□

つぎ木苗を用いる野菜として、最も適切なものを選びなさい。
①レタス
②ダイコン
③キュウリ
④トウモロコシ

40 □□□

キクのさし芽の方法として最も適切なものを選びなさい。
①鹿沼土やバーミキュライトなどの清潔な用土にさす。
②さし穂は切り口を乾かしてからさす。
③さし穂の葉は全て取り除いて用土にさす。
④さし芽後は直射日光に当てる方がよい。

41 □□□

次の草花のうち、春まき一年草として最も適切なものを選びなさい。
①チューリップ
②サルビア
③パンジー
④キク

42 □□□

秋から冬の花壇や寄せ植えに用いられる草花として、最も適切なものを選びなさい。
①アサガオ
②ハボタン
③ヒマワリ
④ニチニチソウ

43 □□□

サルビアの説明として最も適切なものを選びなさい。
①バラ科の草花である。
②シソ科の草花である。
③耐寒性をもつ草花である。
④2年草である。

次の花き類のうち、球根類に分類されるものとして、最も適切なものを選びな
さい。
①カーネーション
②ファレノプシス
③グラジオラス
④インパチェンス

45 □□□

畑の土壌表面を覆う黒のポリマルチ効果について、最も適切なものを選びなさ
い。
①土壌を乾燥させる。
②雑草を抑制する。
③アブラムシの発生を軽減する。
④地温を低下させる。

46 □□□

キュウリのブルームの説明として最も適切なものを選びなさい。
①ブルームレスキュウリは果実の表面に白い果粉のないもので、現在の主流
である。
②ブルームがあると病気になりやすい。
③ブルームがあるキュウリは、鮮度保持が悪い。
④ブルームレスキュウリの方が病気に強く栽培しやすい。

47 □□□

果樹の生理的落果が終わった後、まだ小さい幼果を摘み取る作業の名称として、
最も適切なものを選びなさい。
①芽掻き
②摘心
③摘蕾（てきらい）
④摘果

48 □□□

　写真は国内におけるある果樹の結実である。この果樹の説明として最も適切な
ものを選びなさい。
　　①ツル性果樹である。
　　②低木性果樹である。
　　③落葉果樹である。
　　④常緑果樹である。

49 □□□

　写真は仁果類を代表する果樹の花である。最も適切な果樹名を選びなさい。
　　①ビワ
　　②リンゴ
　　③ブドウ
　　④ウンシュウミカン

50 □□□

　次の作物の中で、酸性土壌に強いものとして、最も適切なものを選びなさい。
　　①トマト
　　②タマネギ
　　③レタス
　　④ジャガイモ

31 □□□

小石（グリッド）があるニワトリの消化器について、最も適切なものを選びなさい。
　　①腎臓
　　②そのう
　　③筋胃
　　④胆のう

32 □□□

ふ卵器を使用した１日当たりの転卵回数として、最も適切なものを選びなさい。
　　①１回
　　②10回
　　③50回
　　④100回

33 □□□

ニワトリにおいて卵管の発達を促進するホルモンとして、最も適切なものを選びなさい。
　　①プロゲステロン
　　②アンドロゲン
　　③下垂体後葉ホルモン
　　④エストロゲン

34 □□□

鶏の初生びなを選ぶ際の注意点として、最も適切なものを選びなさい。
　　①動きが活発で、体重が150g前後ある。
　　②へそが大きく内部がよく見える。
　　③総排せつ腔に汚れがない。
　　④羽毛が黄色く、皮膚が乾燥している。

35 ☐☐☐

ブロイラーの若どりの出荷月齢として、最も適切なものを選びなさい。
①1か月齢未満
②3か月齢未満
③3か月齢以上4か月齢未満
④4か月齢以上5か月齢未満

36 ☐☐☐

ニワトリが感染するマレック病の原因として、最も適切なものを選びなさい。
①ウイルス
②原虫
③糸状菌
④細菌

37 ☐☐☐

ブタの品種と略号の組み合わせとして、正しいものを選びなさい。
①L － 中ヨークシャー種
②B － デュロック種
③W － 大ヨークシャー種
④H － バークシャー種

38 ☐☐☐

受精卵の着床・胎子の発育がおこなわれる部位として、最も適切なものを選びなさい。
①ア
②イ
③ウ
④エ

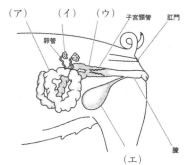

- 73 -

39 □□□

ウシの胃の構造についての説明として、最も適切なものを選びなさい。
①単胃動物であり、ヒトの消化器構造に似ている。
②第1胃には多くの微生物が生息し、反すうによる養分吸収に関わっている。
③第3胃は単胃動物の胃に相当する器官で消化酵素を分泌する。
④第4胃は蜂の巣状になっており反すうによる養分吸収に関わっている。

40 □□□

肉牛のアバディーン・アンガス種の原産国として、最も適切なものを選びなさい。
①アメリカ
②オーストラリア
③イギリス
④ドイツ

41 □□□

乳牛の泌乳期間として、最も適切なものを選びなさい。
①105日
②205日
③305日
④405日

42 □□□

雌牛が発情した場合の対応として、最も適切なものを選びなさい。
①飼料の給与量を増やす。
②分娩の準備を行う。
③放牧して日光浴をさせる。
④人工授精を行う。

43 □□□

雌牛の体の特徴として、最も適切なものを選びなさい。
①乳頭は基本的に4本である。
②角は生えない。
③下あごの切歯（前歯）がない。
④胃が機能的に3つに分かれている。

44 ☐☐☐

写真の器具の名称として適切なものを選びなさい。

①液量計
②ティートディップビン
③ストリップカップ
④ウォーターカップ

45 ☐☐☐

写真中の矢印が示す測定部位の名称として、最も適切なものを選びなさい。
①尻長
②腰角幅
③胸深
④寛幅

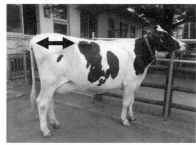

46 ☐☐☐

次の記述の病気の名称として、最も適切なものを選びなさい。

「不適切な飼料給与が原因で反すう胃内の微生物叢のバランスが崩れ起きる。分娩後などに起きやすい代謝病である。」

①フリーマーチン
②ケトーシス
③カンテツ病
④低カルシウム血症

47 □□□

写真の施設の名称として、最も適切なものを選びなさい。
　①タワーサイロ
　②バンカーサイロ
　③ロールラップサイロ
　④スタックサイロ

48 □□□

飼料についての説明として、最も適切なものを選びなさい。
　①容積が大きく、粗繊維が多く含まれる飼料を粗飼料という。
　②トウモロコシ等の穀類は粗飼料の一種である。
　③牧草は濃厚飼料の一種で、消化される成分含量が高い。
　④ウシは濃厚飼料のみで、粗飼料は必要ない。

49 □□□

不活化ワクチンの説明として、最も適切なものを選びなさい。
　①弱毒化したウイルスなどを使用する。獲得免疫が強く、免疫持続時間も長い。
　②弱毒化したウイルスなどを使用し、2～3週間あけて何度か接種する。
　③化学処理等により死んだウイルスの細胞等を使用する。免疫の続く期間が短いことがあり、複数回接種が必要なものが多い。
　④副反応が大きいが、免疫の続く期間が長い。

50 □□□

　32kgで購入した子ブタを107kgまで肥育した。この間の飼料摂取量が225kgだった時の飼料要求率として最も適切なものを選びなさい。
　①2.9
　②3.0
　③3.1
　④3.2

選択科目（食品系）

31 □□□

下記の説明の〔A〕〔B〕として、最も適切なものを選びなさい。

「食品はそのままの形で長期間にわたって品質を保つのは困難である。そのため、食品素材を乾燥・塩漬け・ビン詰・缶詰・冷蔵・冷凍など、さまざまに〔A〕して〔B〕を高める工夫を行ってきた。」

    A   B
①包装　－　利便性
②加工　－　貯蔵性
③分析　－　栄養性
④選別　－　嗜好性

32 □□□

食品に含まれる栄養素で、主にエネルギー源となる物質として、最も適切なものを選びなさい。
①ブドウ糖
②セルロース
③グルコマンナン
④アルギン酸

33 □□□

「容器包装リサイクル法」において、再処理事業者の役割とは何か、最も適切なものを選びなさい。
①分別排出
②分別収集
③再商品化
④監視

34 □□□

　食品の加工工程で異物混入を防止する手段として、最も適切なものを選びなさい。
　　①作業時に帽子や頭巾を着用する。
　　②食品の中心部分が1分以上75℃になるよう加熱する。
　　③材料ごとにまな板と包丁を変える。
　　④冷凍保存は−15℃以下とする。

35 □□□

　下記の説明の〔A〕〔B〕として、最も適切なものを選びなさい。

　「食品表示の目的には消費者が食品を購入するときに必要な〔A〕を提供する。食品衛生上の事故があった場合に〔B〕の所在を明らかにするなどがある。」

　　　　　A　　　　　B
　　①栄養　−　許可
　　②規格　−　原料
　　③商品　−　被害
　　④情報　−　責任

36 □□□

　経口感染症に関する説明として、最も適切なものを選びなさい。
　　①生鮮魚介類などに付着していた感染性の強い病原体が、口から体内に入り発症する。
　　②寄生虫およびその卵に汚染された魚介類や野菜の生食により発症する。
　　③ある特定の食品を摂取した時に見られる体に有害な過敏な反応を起こす。
　　④食品中で増殖した細菌が、腸管内や組織内に入って症状を起こす。

37 □□□

　日本に分布する主な寄生虫の感染経路として、最も適切な組み合わせを選びなさい。
　　①回虫　　　　　　　イカ・サバの生食
　　②アニサキス　　　　野菜の生食
　　③サナダムシ　　　　マス・サケの生食
　　④肺吸虫　　　　　　牛肉の生食

38 □□□

食品の包装材料として、透明、軽量、酸・アルカリに比較的安定、強度が低く、気体の通過を完全に遮断できないという特性があるものとして、最も適切なものを選びなさい。
　　①ガラス
　　②金属
　　③紙
　　④プラスチック

39 □□□

小麦粉加工品の中で主に卵白の起泡性を利用して作るものとして、最も適切なものを選びなさい。
　　①パン類
　　②シュークリーム
　　③ビスケット
　　④スポンジケーキ

40 □□□

トウバンジャン（豆板醤）の原料となるものとして、最も適切なものを選びなさい。
　　①落花生
　　②小豆
　　③エンドウ
　　④ソラマメ

41 □□□

コンニャクの製造方法について、空欄に最も適切なものを選びなさい。

　　①石灰水
　　②にがり
　　③重曹
　　④硫酸カルシウム

42 □□□

日本各地の伝統的な漬け物と原材料野菜の組み合わせとして、最も適切なもの
を選びなさい。
① 千枚漬（京都府）　　　－　キュウリ
② 野沢菜漬（長野県）　　－　カラシナ
③ つぼ漬（鹿児島県）　　－　シロウリ
④ 守口漬（愛知県）　　　－　ダイコン

43 □□□

次の果実のなかで「酒石酸」が多く含まれるものとして、最も適切なものを選
びなさい。
① リンゴ
② 温州ミカン
③ ブドウ
④ パイナップル

44 □□□

下記の説明の〔A〕〔B〕として、最も適切なものを選びなさい。

「ひき肉に〔A〕を加えて、練ると、肉の〔B〕が溶けて、細かい糸状の構造か
ら網目状の構造となり、独特の食感を形成する。」

　　　　　A　　　　　　　B
① 塩　　　　　－　タンパク質
② 砂糖　　　　－　炭水化物
③ アミノ酸　　－　脂質
④ 核酸　　　　－　食物繊維

45 □□□

かび・酵母・細菌に分類される微生物のすべてがかかわらなければ製造できな
い食品として、最も適切なものを選びなさい。
① テンペ・甘酒
② 納豆・塩辛
③ ビール・ワイン
④ 味噌・しょうゆ

46 □□□

果実の特徴として、最も適切なものを選びなさい。
①果実は、水分が80～90%であり、タンパク質や脂質も多い。
②果実中の酵素の作用では、風味や色調に変化は現れない。
③果実は、成熟にともなって糖分が減り、有機酸が増加する。
④果実中の赤色や黄色の色素は、カロチノイドやアントシアンである。

47 □□□

乳固形分を凝固させ水分を抜いただけで熟成させないフレッシュチーズとして、正しいものを選びなさい。
①エメンタールチーズ
②ゴーダチーズ
③カマンベールチーズ
④モッツァレラチーズ

48 □□□

鶏卵の卵白は、外水様卵白・内水様卵白・濃厚卵白・カラザ・気室などに分けられるが、卵が古くなると減少してしまう部分として、最も適切なものを選びなさい。
①外水様卵白
②内水様卵白
③濃厚卵白
④気室

49 □□□

写真の機器はバターを作る際、どのような操作をするときに使うか、最も適切なものを選びなさい。
①チャーニング
②ワーキング
③水洗
④エージング

安全な食品を製造する衛生管理体系の一つである HACCP の説明として、最も適切なものを選びなさい。
　①品質管理・環境管理・安全管理・危機管理・個人情報保護が主である。
　②最終製品を細菌試験・化学分析・官能試験・異物検査を実施する。
　③すべての企業活動の経営システムを標準化することを目指す。
　④製品製造工程の重要管理点を監視し、危害を防止する。

選択科目（環境系）

31 □□□

わが国の森林の状況についての説明として、最も適切なものを選びなさい。
　①手入れされずに放置された森林が多く存在している。
　②日本の森林率は約30%で先進国の中でも低い。
　③日本の人工林率は約20%で先進国の中では低い。
　④森林の蓄積量は年々減少している。

32 □□□

森林の役割のうち「地球温暖化防止機能」の説明として、最も適切なものを選びなさい。
　①樹木は大気中の酸素を取り込んで光合成を行って成長している。
　②森林を増やすことで長期にわたって大気中の酸素を吸収させ固定することができる。
　③樹木を構成する有機物の半分近くは窒素で占められている。
　④森林を間伐等で適正に管理することにより二酸化炭素が吸収される。

33 □□□

平板測量で用いる次の器具と関係するものはどれか、最も適切なものを選びなさい。
　①定位
　②標定
　③整準
　④求心

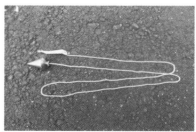

34 □□□

次の断面記号表示の材料として、最も適切なものを選びなさい。
①水
②地盤
③タイル
④コンクリート

35 □□□

日本水準原点が設置されている場所について、最も適切なものを選びなさい。
①東京都千代田区
②茨城県つくば市
③東京都港区
④兵庫県明石市

36 □□□

水準測量の誤差で次のうち個人誤差はどれか、最も適切なものを選びなさい。
①標尺の目盛りが正しくない。
②光の屈折による誤差。
③かげろうによる誤差。
④標尺が鉛直でない。

37 □□□

写真の樹木の名称として、正しいものを選びなさい。
① ヒノキ
② ブナ
③ アカマツ
④ カラマツ

38 □□□

アリダードで目標を視準するとき、（A）から（B）を見通しながら方向を定めます。（　）内にあてはまる言葉の組み合わせとして、最も適切なものを選びなさい。

	A	B
①	視準糸	視準孔
②	気ほう管	視準糸
③	視準孔	定規縁
④	視準孔	視準糸

39 □□□

細い二点鎖線の用途による名称として最も適切なものを選びなさい。
① 寸法補助線
② 中心線
③ 切断線
④ 想像線

40 □□□

弦の長さを表す寸法線として正しいものを選びなさい。

① ② ③ ④

選択科目
（環境系）（造園）

※環境系の選択者は、造園、農業土木、林業のうち1分野を、選択して下さい（複数分野を選択すると不正解となります）。

41 □□□

次の写真の樹木について、最も適切なものを選びなさい。
①イチョウ
②クロマツ
③ツバキ
④サクラ

次の設計図は1858年に作られた公園であるが、この公園のある都市はどこか、最も適切なものを選びなさい。

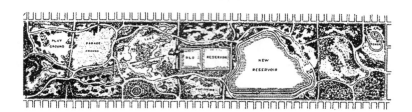

①フランス・パリ
②イギリス・ロンドン
③ロシア・モスクワ
④アメリカ・ニューヨーク

回遊式庭園について（A）（B）にあてはまる語句として、最も適切なものを選びなさい。

「（　A　）になると、政治が安定したため権力者は自国の城内などに広大な庭園を作るようになり、（　B　）とも呼ばれるようになった。」

	A	B
①	奈良時代	寝殿造り庭園
②	平安時代	枯山水式庭園
③	鎌倉時代	書院造り庭園
④	江戸時代	大名庭園

誘致距離250mの範囲内で1か所当たり面積0.25haを基準として配置する公園はどれか、最も適切なものを選びなさい。
①幼児公園
②街区公園
③近隣公園
④地区公園

45 □□□

庭木の手入作業中に急に腕の肌がかゆくなった原因として、最も適切なものを選びなさい。
① チャドクガ
② テントウムシ
③ カイガラムシ
④ アブラムシ

46 □□□

四ツ目垣の施工で親柱と間柱の間隔はどのくらいか、最も適切なものを選びなさい。
① 150cm
② 160cm
③ 170cm
④ 180cm

47 □□□

次の図面の名称として、正しいものを選びなさい。
① 透視図
② 平面図
③ 詳細図
④ 立面図

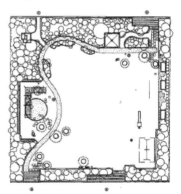

48 □□□

次の石灯籠（とうろう）の一番上の部位の名称として、最も適切なものを選びなさい。

①宝珠（ほうしゅ）
②笠（かさ）
③頭（かしら）
④火袋（ひぶくろ）

49 □□□

次の図の葉の付き方の名称で、正しいものを選びなさい。

①互生
②対生
③実生
④輪生

50 □□□

移植後樹木の保護のための支柱の種類で、街路樹によく使われる支柱法として、最も多いものを選びなさい。

①八つ掛け
②布掛け
③鳥居型
④脇差し

選択科目
（環境系）（農業土木）

※環境系の選択者は、造園、農業土木、林業のうち1分野を、選択して下さい（複数分野を選択すると不正解となります）。

41 □□□

土地改良法の「客土」についての説明として、最も適切なものを選びなさい。
①他の場所からほ場へ土壌を運搬して、農地土層の理化学的性質を改良する工法。
②耕起、混和、反転などを行って、作土の改良を図る工法。
③土層を破砕し膨軟にして、透水性と保水性を高める工法。
④作物の生産に障害となる土層を、他の場所に集積したり、作土層下に深く埋め込む工法。

42 □□□

土地改良工法で、漏水しやすい水田地盤を転圧により透水性を下げて、用水節約と水温、地温の上昇を図る工法として、最も適切なものを選びない。
①心土破壊
②徐礫
③床締め
④不良土層排除

43 □□□

ミティゲーションの5原則における「回避」にあたる事例として、最も適切なものを選びなさい。
①環境条件がよく、繁殖も行われ、生態系拠点となっている湧水池を現状のまま保全する。
②用水路の整備にあたり、水辺の生物の生息が可能な自然石や自然木を利用した護岸にして、生態系に配慮する。
③水路の改修工事に先立ち、生息している生物を一時的に移動させる。
④多様な生物が生息する湿地を工事区域外に設置し、同様な環境を確保する。

2019年度 第1回

- 91 -

44 □□□

　環境の保全が困難な場合、一時的に生物を捕獲・移動させるミティゲーションの事例として、最も適切なものはどれか。
　　①代償
　　②最小化
　　③修正
　　④軽減

45 □□□

　梁に集中荷重が作用しているとき、C点における曲げモーメントとして、正しいものを選びなさい。
　　①4N・m
　　②10N・m
　　③16N・m
　　④80N・m

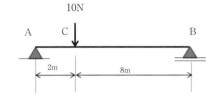

46 □□□

　物体を引っ張ると引っ張った方向に伸びる。この伸びた量を変形量といい、元の長さに対する変形量の割合について最も適切なものを選びなさい。
　　①ポアゾン比
　　②ひずみ
　　③ヤング率
　　④フックの法則

47 □□□

　力の3要素の組み合わせとして、最も適切なものを選びなさい。
　　①作用点・重力・方向
　　②加速度・モーメント・強さ
　　③強さ・大きさ・モーメント
　　④作用点・方向・大きさ

48 □□□

断面積0.04m²の管水路を流れる流量が0.016m³/s のときの流速として、正しいものを選びなさい。
　①0.00064m/s
　②0.0032m/s
　③0.4m/s
　④2.5m/s

49 □□□

粒径0.005mm〜0.075mm の土粒子の呼び名として、最も適切なものを選びなさい。
　①粘土
　②砂
　③礫
　④シルト

50 □□□

パスカルの原理の説明として、最も適切なものを選びなさい。
　①同一流線上で速度水頭・位置水頭・圧力水頭の和が一定である。
　②固い棒状のもので、大きなものを少ない力で動かすことができる、または、小さな運動を大きな運動に変える。
　③密閉された液体の一部に受けた圧力はそのままの強さですべてに一様に伝わる。
　④静止している液体の中の任意の面に働く応力はその面に平行な圧力だけである。

選択科目
（環境系）（林業）

※環境系の選択者は、造園、農業土木、林業のうち1分野を、選択して下さい（複数分野を選択すると不正解となります）。

41 ☐☐☐

森林の役割のうち「土砂崩壊防止機能」の説明として、最も適切なものを選びなさい。
　　①森林内の土壌はその表面を流れる雨水の量を減少させ、浸食力を軽減する。
　　②スポンジ状の森林の土壌が水をたくわえて、時間をかけてゆっくり流す。
　　③森林の樹木は大気中の二酸化炭素を吸収・固定する。
　　④森林の樹木の根が土砂や岩石をしっかりつかんで斜面の土砂が崩れるのを
　　　防ぐ。

42 ☐☐☐

公益的な役割を持つ森林である保安林の説明として、最も適切なものを選びなさい。
　　①保安林の面積で一番多いのは土砂流出防備保安林である。
　　②保安林の面積は年々減少している。
　　③保安林は5種類ある。
　　④保安林制度は森林法において定められている。

43 ☐☐☐

植生の変化に関する次の記述に該当するものとして、最も適切なものを選びなさい。

　「生物群落が時間の経過とともに変化していく現象」

　　①遷移
　　②人工林化
　　③水平分布
　　④垂直分布

44 □□□

森林の「更新」に関する次の記述に該当するものとして、最も適切なものを選びなさい。

「種を取る樹木（母樹）から落下した種から発芽させる更新」

①天然更新
②人工更新
③萌芽更新
④機械更新

45 □□□

「森林の分類」の説明として、最も適切なものを選びなさい。
①伐採や自然のかく乱によって、前の森林が失われた跡地に成立した森林を「一次林」という。
②過去に伐採や大きな自然災害などのない森林を「原生林」という。
③人の手で植林した森林を「天然林」という。
④自然に生えた実生や萌芽などが成長して成立した森林を「人工林」という。

46 □□□

コナラに関する説明として、最も適切なものを選びなさい。
①材は木炭の原料やシイタケ原木に用いられる。
②土壌に対する適応力が強く乾燥に強い。強度があり、建築材の梁などに利用される。
③日本の固有種であり、主に建築用材に用いられる。
④耐久性に優れ、古くから重要な建築用材として重用され、特に寺院や神社の建築にも用いられている。

47 □□□

森林の適切な経営や管理を行うため、平成30年に「森林経営管理法」が成立したが、この新たな制度の内容として、正しいものを選びなさい。
①林業経営に適した森林は、市町村が自ら管理。
②林業経営に適した森林は、都道府県が自ら管理。
③森林所有者から市町村が経営管理を委託される。
④森林所有者から都道府県が経営管理を委託される。

48 □□□

　木材生産のための作業に関する次の記述の名称として、正しいものを選びなさい。

「丸太を集めて、林道や作業道脇の土場まで運ぶこと」

　　①集材
　　②運材
　　③造材
　　④伐採

49 □□□

　樹木の太さを測る測定機器名と測定位置の組み合わせとして、最も適切なものを選びなさい。
　　①測竿　　－　　地面から100cm
　　②測竿　　－　　地面から120cm
　　③輪尺　　－　　地面から100cm
　　④輪尺　　－　　地面から120cm

50 □□□

　次の図の「高性能林業機械」の名称とこの機械を使用した作業として、正しいものを選びなさい。
　　①ハーベスタ　　　　－　　　集材
　　②ハーベスタ　　　　－　　　運材
　　③タワーヤーダ　　　－　　　集材
　　④タワーヤーダ　　　－　　　運材

2019年度　第2回（12月14日実施）

日本農業技術検定　3級　試験問題

◎受験にあたっては、試験官の指示に従って下さい。
　指示があるまで、問題用紙をめくらないで下さい。
◎受験者氏名、受験番号、選択科目の記入を忘れないで下さい。
◎問題は全部で50問あります。1〜30が農業基礎、31〜50が選択科目です。
◎選択科目は4科目のなかから1科目だけ選び、解答用紙に選択した科目をマークして下さい。選択科目のマークが未記入の場合には、得点となりません。
　環境系の41〜50は造園、農業土木、林業から更に1つ選んで下さい。
　選択科目のマークが未記入の場合には、得点となりません。
◎すべての問題において正答は1つです。1つだけマークして下さい。
　2つ以上マークした場合には、得点となりません。
◎総解答数は、どの選択科目とも50問です。それ以上解答しないで下さい。
◎試験時間は40分です（名前や受験番号の記入時間を除く）。

【選択科目】

栽培系　　　p.106〜115
畜産系　　　p.116〜122
食品系　　　p.123〜128
環境系　　　p.129〜141

解答一覧は、「解答・解説編」（別冊）の4ページにあります。

日付			
点数			

1 □□□

長日条件を感知して花芽が分化するものとして、最も適切なものを選びなさい。
① ホウレンソウ
② キャベツ
③ ハクサイ
④ ニンジン

2 □□□

畑での黒色フィルムによるマルチングの効果に関する説明として、最も適切なものを選びなさい。
① 着花数が増加する。
② 酸性土壌の改良を図ることができる。
③ 日照不足を補う。
④ 地温を高めて土壌水分を維持する。

3 □□□

同じ科に分類される作物の組み合わせとして、最も適切なものを選びなさい。
① トマト　　　－　　ジャガイモ
② ジャガイモ　－　　サツマイモ
③ キュウリ　　－　　ナス
④ トマト　　　－　　スイートコーン

4 □□□

　左が発芽時、右が収穫時の写真である。この野菜の科名として最も適切なものを選びなさい。

　①ナス科
　②アブラナ科
　③マメ科
　④ウリ科

5 □□□

　10a の畑に窒素を成分量で10kg 施用するには、「10－12－8」の表示のある化学肥料が何 kg 必要か、最も適切なものを選びなさい。
　①　50kg
　②100kg
　③150kg
　④200kg

2019年度
第2回

6 □□□

　作物が行う蒸散の働きとして、最も適切なものを選びなさい。
　①光エネルギーを利用して、根から吸収した水と気孔からとり入れた二酸化炭素から炭水化物を合成する。
　②炭水化物と酸素を水と二酸化炭素にする。
　③気孔から水分を放出して、植物の体温の上昇を抑え、根から吸収した養水分の移動を促す。
　④葉の気孔から養水分を吸収し、植物の体温を上昇させ、根から吸収した養水分の移動を促す。

7 　□□□

次の写真の機器で測定できるものとして、最も適切なものを選びなさい。
①土壌の酸度
②地中の温度
③土壌の塩類濃度
④土中の湿度

8 　□□□

植物の成長に必要な必須元素（必須要素）は、比較的多量に必要とする多量元素と少量の微量元素に分けられる。以下の元素から多量元素を選びなさい。
① Mn
② P
③ Fe
④ B

9 　□□□

有機質肥料の特徴として、最も適切なものを選びなさい。
①速効性である。
②遅効性である。
③化学的製法でつくられる。
④鉱物を原料として製造される。

10 　□□□

ロードアイランドレッド種の説明として、最も適切なものを選びなさい。
①主に卵の生産を目的とした卵用種である。
②鶏肉の生産を目的とする肉用種である。
③鶏卵および鶏肉の生産を目的とする卵肉兼用種である。
④からだは白い羽毛でおおわれており、赤い卵を産む。

11 □□□

ブタの大ヨークシャー種の略号として、最も適切なものを選びなさい。
①Y
②B
③W
④D

12 □□□

反すう胃を持つ家畜の組み合わせとして、最も適切なものを選びなさい。
①ウシ　　　－　　　ヤギ
②ウマ　　　－　　　ブタ
③ヒツジ　　－　　　ウサギ
④ウズラ　　－　　　ミツバチ

13 □□□

周年繁殖動物として、最も適切なものを選びなさい。
①ウマ
②ヒツジ
③ウシ
④ヤギ

14 □□□

　魚・肉・大豆・乳に多く含まれ、多数のアミノ酸で構成されている栄養素として、最も適切なものを選びなさい。
①炭水化物
②タンパク質
③脂質
④無機質

15 □□□

果実類の特徴として、最も適切なものを選びなさい。
①成熟した果実の糖類は、主にグリコーゲン・ブドウ糖・果糖である。
②ウンシュウミカン、ブドウなどの果実中の水分は約40～50％である。
③果実の赤色～黄色を示す色素は、クロロフィルとアントシアンである。
④果実は、呼吸によって成分が消耗し、風味や色調が変化する。

ジャガイモの国産生産量の約4割弱を占める利用法として、最も適切なものを選びなさい。
①生果用
②加工食品用
③デンプン原料用
④種子用

上新粉の説明として、最も適切なものを選びなさい。
①うるち精白米を粉砕したもの。
②もち米を吸水させ、すりつぶしてつくったもの。
③うるち米を熱加工して、製粉したもの。
④蒸煮した精米を乾燥して干飯として粗砕したもの。

次の写真の害虫の加害様式として、最も適切なものを選びなさい。
①食害
②虫こぶの形成
③吸汁害
④茎内に侵入

19 □□□

次の写真の赤い防虫ネットによる防除方法として、最も適切なものを選びなさい。
　　①化学的防除法
　　②生物的防除法
　　③耕種的防除法
　　④物理的防除法

20 □□□

次の写真のキュウリのべと病の原因として、最も適切なものを選びなさい。
　　①糸状菌
　　②細菌
　　③ウイルス
　　④ダニ

21 □□□

次の写真の雑草の名前として、最も適切なものを選びなさい。
　　①オヒシバ
　　②メヒシバ
　　③カヤツリグサ
　　④エノコログサ

種子を保存する場所として、最も適切なものを選びなさい。
①温かく湿気がある場所
②温かく乾燥した場所
③冷たく湿気がある場所
④冷たく乾燥した場所

土壌中の窒素成分を増加させる目的で栽培される「緑肥」作物として、最も適切なものを選びなさい。
①マメ科植物
②ウリ科植物
③イネ科植物
④アブラナ科植物

クリーニングクロップに利用する作物として、最も適切なものを選びなさい。
①ダイズ
②キュウリ
③トウモロコシ
④ピーマン

スーパーの総菜やコンビニエンスストアの弁当、あるいは宅配のピザなどを自宅で食べることを何というか。最も適切なものを選びなさい。
①外食
②内食
③孤食
④中食

農業資本は、固定資本と流動資本とに分けられる。流動資本に分類されるものとして、最も適切なものを選びなさい。
①大動物
②果樹
③大型機械
④飼料

27 □□□

世帯員のなかに兼業従事者が1人以上おり、かつ農業所得の方が兼業所得よりも多い農家を何というか。最も適切なものを選びなさい。
①第2種兼業農家
②第1種兼業農家
③専業農家
④準主業農家

28 □□□

生物が体内に取り入れた物質のうち、ある特定の物質が体内に蓄積される現象として、最も適切なものを選びなさい。
①食物連鎖（食物網）
②湖沼汚染
③生物（生体）濃縮
④富栄養化現象

29 □□□

「再生可能な生物由来の有機性資源で化石資源を除いた資源」として、最も適切なものを選びなさい。
①バイオマス
②エコシステム
③グリーン・ツーリズム
④ビオトープ

30 □□□

農福連携の説明として、最も適切なものを選びなさい。
①農業経営者のみが受け入れるもので、それ以外の取組みはない。
②農業経営者として直接障害者を受け入れることはできない。
③農業生産分野での取組みであり、農産物の加工・販売は対象とはならない。
④障害者や生活困窮者、高齢者等の農業分野への就農・就労を促進するものである。

選択科目（栽培系）

31 □□□

種皮が硬いため、一晩水に浸すことで発芽しやすくなる種子として、最も適切なものを選びなさい。
①アサガオ
②ハボタン
③パンジー
④ペチュニア

32 □□□

マメ類の根に共生する根粒菌の説明として、最も適切なものを選びなさい。
①空気中の水分を固定する。
②空気中の酸素を固定する。
③空気中の二酸化炭素を固定する。
④空気中の窒素を固定する。

33 □□□

　ダイズの生育はじめの形態を示した下図のうち、子葉として、最も適切なものを選びなさい。

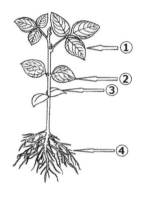

34 □□□

　イネの小穂の形態としくみを表した図で、子房として、最も適切なものを選びなさい。

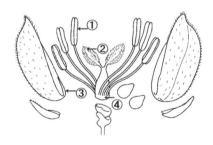

2019年度
第2回

35 　□□□

次の写真のうち、ニチニチソウを選びなさい。

①　　　　　　　　　　　　　②

③　　　　　　　　　　　　　④

36 □□□

写真の種子のうち、ヒマワリの種子を選びなさい。

①

②

③

④

37 □□□

この草花の球根として、最も適切なものを選びなさい。

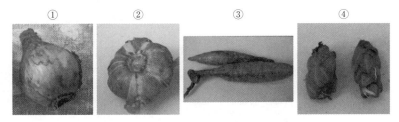

① ② ③ ④

38 □□□

四季咲き性を持つ草花として、最も適切なものを選びなさい。
　①アザレア
　②シロタエギク
　③カンナ
　④カーネーション

39 □□□

果樹の「ネクタリン」として、最も適切なものを選びなさい。
　①西洋スモモ
　②ニホンスモモ
　③キンカン
　④果皮に毛がないモモ（油桃）

40 □□□

ハサミを使用せずに収穫するものとして、最も適切なものを選びなさい。
①ウンシュウミカン
②ナシ
③カキ
④ブドウ

41 □□□

果実が結実した後、果実の数を少なくする作業として、最も適切なものを選び
なさい。
①芽かき
②摘心
③摘果
④摘蕾

42 □□□

ポストハーベスト技術として、最も適切なものを選びなさい。
①収穫後処理
②播種
③間引き
④除草剤散布

43 □□□

自家受粉を行う作物として、最も適切なものを選びなさい。
①スイカ
②リンゴ
③カボチャ
④イネ

44 □□□

写真は国内でも代表的な果樹の開花と結実である。この果樹の説明として、最も適切なものを選びなさい。

①落葉果樹で、一般的には棚栽培が行われる。
②常緑果樹で、一般的には主幹形仕立てが行われる。
③低木性果樹で、アルカリ性土壌を好む。
④ツル性果樹で、一般的には棚栽培が行われる。

45 □□□

写真はさまざまな果樹の収穫直前のようすである。常緑果樹に属する果樹として、最も適切なものを選びなさい。

①

②

③

④

46 □□□

トマトの着花の説明として、最も適切なものを選びなさい。
①トマトは多くの花が集まった花房を形成する。
②第2〜3葉の付近に第1花房を着ける。
③トマトは1か所に単独の花が着生する。
④第1花を着けた後は、7葉ごとに花を着ける。

次の写真は、トウモロコシ（スイートコーン）の頂部であるが、写真のAの部分の説明として、最も適切なものを選びなさい。
　①雌穂であり、絹糸に花粉がつき受精する。
　②雄穂であり、花粉が飛散する。
　③節から分げつが発生する。
　④両性花であり、この位置に結実する。

雑種第一代（F1）の特性として、最も適切なものを選びなさい。
　①草勢が弱くなる。
　②個体による生育のばらつきが大きくなる。
　③形質がばらばらに分離する。
　④親より生育が旺盛で、形質が優れることがある。

ジャガイモの収穫器官として、最も適切なものを選びなさい。
　①塊茎
　②球茎
　③塊根
　④鱗茎

50 　□□□

次の写真の機械の名称として、最も適切なものを選びなさい。
①歩行トラクタ
②乗用トラクタ
③トラック
④トレーラー

31 □□□

　次の図はニワトリの消化器である。（ア）～（エ）のうちグリットを蓄わえてい
る部位として、最も適切なものを選びなさい。
　　①ア
　　②イ
　　③ウ
　　④エ

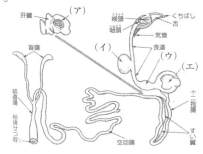

32 □□□

　卵黄の表面にカラザを形成させる部位として、最も適切なものを選びなさい。
　　①峡部
　　②漏斗部
　　③膨大部
　　④子宮部

2019年度
第2回

ニワトリのふ化に関する文章中の（　A　）と（　B　）の組み合わせとして、最も適切なものを選びなさい。

「ふ化を目的として得られた（　A　）は、およそ37.8℃で温められると約（　B　）日間でひなになる。」

	A	B
①	種卵	21
②	有精卵	13
③	無精卵	21
④	有精卵	63

34 □□□

写真の飼育方式の名称として、最も適切なものを選びなさい。
　①平飼い
　②つなぎ飼い方式
　③立体飼い
　④フリーストール方式

35 □□□

ニワトリが感染するニューカッスル病の原因として、最も適切なものを選びなさい。
　①ウイルス
　②原虫
　③糸状菌
　④細菌

デンマークの在来種から改良された写真のブタの品種として、最も適切なものを選びなさい。
①デュロック種
②バークシャー種
③ランドレース種
④大ヨークシャー種

豚コレラの説明として、最も適切なものを選びなさい。
①蚊が媒介して感染が広がるため、6月から9月に発生することが多い。
②ブタやイノシシの熱性伝染病で、強い伝染力と高い致死率が特徴である。
③病原体は豚コレラ菌である。
④家畜伝染病予防法における届出伝染病である。

次の記述の飼料の名称として、最も適切なものを選びなさい。

「牧草類、穀類を栽培して茎葉とともに子実までサイレージとして利用する飼料。」

① TMR
② WCS
③エコフィード
④ウェットフィーディング

家畜排せつ物を堆肥化する際の条件として、最も適切なものを選びなさい。
①微生物・有機物・二酸化炭素
②微生物・無機物・二酸化炭素
③微生物・無機物・酸素
④微生物・有機物・酸素

40 □□□

次の飼料作物のうち、マメ科牧草に分類されるものとして、最も適切なものを選びなさい。
　①イタリアンライグラス
　②アルファルファ
　③チモシー
　④ソルガム

41 □□□

不活化ワクチンに関する文章中の（　A　）と（　B　）の組み合わせとして、最も適切なものを選びなさい。

「病原微生物を（　A　）させて作ったワクチンで、生ワクチンに比べて免疫持続期間が（　B　）。」

　　　　A　　　　　　　　B
　①死滅　　　　　　　　短い
　②死滅　　　　　　　　長い
　③弱毒化　　　　　　　長い
　④弱毒化　　　　　　　短い

42 □□□

写真の用具の設置目的として、最も適切なものを選びなさい。
　①害虫駆除
　②湿度管理
　③家畜への給水
　④畜舎の衛生管理

43 □□□

写真の機械の使用用途として、最も適切なものを選びなさい。
①反転
②砕土
③堆肥散布
④鎮圧

44 □□□

牛乳を加工して発酵させた乳製品として、最も適切なものを選びなさい。
①市乳
②カッテージチーズ
③練乳
④プロセスチーズ

45 □□□

写真のウシの品種名として、最も適切なものを選びなさい。
①ホルスタイン種
②ジャージー種
③ガーンジー種
④ブラウンスイス種

□□□

次の写真は、牛飼養施設等で糞尿の除去・搬送に使用される機械である。名称として、最も適切なものを選びなさい。
　①マニュアスプレッダー
　②スタンチョン
　③ホイールローダー
　④バーンクリーナー

47 □□□

ウシの妊娠と分娩について、最も適切なものを選びなさい。
　①ホルスタイン種では114日の妊娠期間を経て、子牛を出産する。
　②分娩後、約120日で性周期が正常に戻るので、人工授精などを行う。
　③2産目以降は、分娩予定日の約2か月前に搾乳を中止し、乾乳期に入る。
　④ウシの産子数は普通、2頭以上である。

48 □□□

乳牛の栄養状態を判定する指標として、最も適切なものを選びなさい。
　① DMI
　② TDN
　③ DCP
　④ BCS

矢印が示すウシの部位名称として、最も適切なものを選びなさい。

①寛
②臀
③管
④ 繋^{つなぎ}

　導入時27kgだった子豚が107kgまで増体した時の総飼料摂取量は232kgで
あった。この時の飼料要求率として、最も適切なものを選びなさい。
①2.8
②2.9
③3.0
④3.1

31 □□□

　主にイモ類・野菜類・果実類に多く含まれ、製造中の減少を注意すべきビタミンはどれか。最も適切なものを選びなさい。
　　①ビタミンA
　　②ビタミンC
　　③ビタミンD
　　④ビタミンE

32 □□□

　組み立て食品に該当する食品として、最も適切なものを選びなさい。
　　①かつおぶし
　　②菓子パン
　　③かに風味かまぼこ
　　④カット野菜

33 □□□

　野菜類・果実類に含まれるセルロースなどの食物繊維はどの栄養素に属するか、次の中から最も適切なものを選びなさい。
　　①炭水化物
　　②タンパク質
　　③脂質
　　④ビタミン

34 □□□

食品を加圧しながら加熱したあと、急激に減圧し、水分を瞬間的に蒸発させて乾燥させる加工食品として、最も適切なものを選びなさい。
①干しブドウ・干しガキ
②インスタントコーヒー・粉末果汁
③粉末みそ・香辛料
④ポップコーン・ライスパフ

35 □□□

サルモネラによる食中毒の食品として、代表的なものを選びなさい。
①アジ
②鶏卵
③米飯
④ジャガイモ

36 □□□

食品添加物の種類とその使用例の組み合わせとして、最も適切なものを選びなさい。
①保存料　－　ペクチン
②発色剤　－　ソルビン酸
③膨張剤　－　炭酸水素ナトリウム
④増粘剤　－　亜硝酸ナトリウム

37 □□□

血圧や血中コレステロール値などの正常化をうながしたり、整腸作用など、特定の保健の目的が期待できることを国に申請し、消費者庁から許可を受けている食品として、最も適切なものを選びなさい。
①機能性表示食品
②栄養機能食品
③特定保健用食品
④医薬品（医薬部外品を含む）

38 □□□

直ごね法による食パンの製造時、生地に指を入れ、指跡の状態を観察してその工程を終えた。この説明として、最も適切なものを選びなさい。
① 仕込み
② 発酵
③ 分割
④ 整形

39 □□□

種実類の加工において、原料と製品の組み合わせとして、最も適切なものを選びなさい。
① ダイズ　　－　きなこ
② ソラマメ　－　サラダ油
③ アズキ　　－　はるさめ
④ エンドウ　－　豆板醤

40 □□□

カリカリ梅漬け製造でウメ果肉の硬化を促進するために用いるものとして、最も適切なものを選びなさい。
① カルシウム処理
② 高温処理
③ 炭酸ガス処理
④ 酸処理

41 □□□

写真の果実の分類として、最も適切なものを選びなさい。
① 核果類
② 堅果類
③ しょう果類
④ 仁果類

42 □□□

写真の果実に多く含まれる有機酸として、最も適切なものを選びなさい。
　　①リンゴ酸
　　②クエン酸
　　③フマル酸
　　④酒石酸

43 □□□

ジャム類製造時の仕上がり点の確認であるコップテストで、濃縮適度はどれか。
最も適切なものを選びなさい。
　　①コップ中の水面で、細かくくだけた。
　　②コップ中の上面で、粒が浮遊した。
　　③コップ中の水面で、2～3粒に分かれた。
　　④コップ中の水面で、大きなかたまりで沈んだ。

44 □□□

肉類の加工品で、過去20年の生産量が一番多いものとして、最も適切なものを
選びなさい。
　　①ウィンナーソーセージ
　　②ロースハム
　　③ベーコン
　　④フランクフルトソーセージ

45 □□□

「生乳、牛乳または特別牛乳から得られた脂肪粒を練圧したもの」で、「成分は
乳脂肪分80.0%以上、水分17.0%以下」と定められている油脂類として、最も適
切なものを選びなさい。
　　①バター
　　②マーガリン
　　③ショートニング
　　④ファットスプレッド

46 □□□

マヨネーズのすぐれた保存性に関与するものとして、最も適切なものを選びなさい。
①卵黄
②食酢
③植物油
④卵白

47 □□□

かび・細菌・酵母が関与する発酵食品として、最も適切なものを選びなさい。
①みそ・しょうゆ
②ワイン・パン
③納豆・ヨーグルト
④チーズ・テンペ

48 □□□

みそやしょうゆ、日本酒づくりでは、米を蒸煮し、特定の微生物を増殖させて米の糖化を行う。この特定の微生物として、最も適切なものを選びなさい。
①リゾープスストロニフェル
②レンチヌラエドデス
③アスペルギルスオリゼ
④サッカロミセスセレビシエ

49 □□□

加工食品製造において衛生的な作業環境を維持するため、最も適切なものを選びなさい。
①調理加工処理室で原材料を受け入れる。
②加工室内靴と加工室外靴は同じところに置く。
③床と壁との角や排水溝に丸みをつける。
④汚染作業区域の作業員と清潔作業区域の作業員を交差させる。

　危害分析・重要管理点方式により、人に危害を与える微生物・化学物質・異物などが食品中に混入しないようにする管理手法を表すものとして、最も適切なものを選びなさい。

　　① ISO
　　② GAP
　　③ SDGs
　　④ HACCP

31 □□□

図面に用いられる次の書体の名称で、最も適切なものを選びなさい。
　①明朝体
　②楷書体
　③ゴシック体
　④草書体

春　夏　秋　冬

32 □□□

製図用紙の規格の説明として、最も適切なものを選びなさい。
　①Ｂ４はＢ３の２倍の寸法
　②Ｂ４はＢ３の２分の１の寸法
　③Ｂ４はＢ２の２倍の寸法
　④Ｂ４はＢ２の２分の１の寸法

33 □□□

次の寸法補助記号が表すものとして、最も適切なものを選びなさい。
　①半径
　②直径
　③球の半径
　④球の直径

34 □□□

　平板測量の器具とその使用方法の組み合わせとして、最も適切なものを選びなさい。
　　①アリダード・・・・・・距離を測定する。
　　②三角スケール・・・・・平板上の測線方向と地上の測線方向を一致させる。
　　③求心器、下げ振り・・・平板上の測点と地上の測点を鉛直線上にする。
　　④ポール・・・・・・・・平板を水平にする。

35 □□□

　水準点の説明として、最も適切なものを選びなさい。
　　①主要国道沿いに２kmごとに配置されている。
　　②東京湾平均海面を基準面として、東京都千代田区永田町１丁目１番内にある。
　　③小地域の独立した範囲内で設けている。
　　④高さ５mのステンレス製のタワーの上部に、衛星からの電波を受信するためのアンテナが内蔵されている。

36 □□□

　公益的機能をもつ森林は保安林として指定され、2018年現在、約1,300万ha あるが、そのうち最大の面積のものとして、最も適切なものを選びなさい。
　　①土砂流出防備保安林
　　②保健保安林
　　③水害防備保安林
　　④水源涵養保安林

37 □□□

　樹木の形と葉の特徴についての説明として、最も適切なものを選びなさい。
　　①「針葉樹」はマツの盆栽のように幹が曲がっている場合が多い。
　　②「広葉樹」は幹が途中から枝分かれし、幹と枝の違いがはっきりしない場合が多い。
　　③「落葉樹」は全部の葉が一度に落葉することなく、葉を１年中つけている。
　　④「常緑樹」は針葉樹に多く、カラマツなどはその典型である。

38 □□□

写真の2種類の樹種の組み合わせとして、最も適切なものを選びなさい。
　①スギ、カラマツ
　②ヒノキ、トドマツ
　③ヒノキ、コナラ
　④アカマツ、スギ

39 □□□

伐採に関する次の記述の名称として、最も適切なものを選びなさい。

「これを打ち込んで伐採方向を確実にし、最終的に樹木を伐倒する。」

　①ハンマー
　②つる
　③くさび
　④ちょうつがい

40 □□□

次の説明として、最も適切なものを選びなさい。

「長い時間をかけて十分に成長した森林は、大きな変化が見られなくなり安定した状況になる。」

　①極相林
　②人工林
　③雑木林
　④低木林

選択科目
（環境系）（造園）

※環境系の選択者は、造園、農業土木、林業のうち1分野を、選択して下さい（複数分野を選択すると不正解となります）。

41 □□□

写真の灯籠の一番上の名称について、最も適切なものを選びなさい。
　①宝珠
　②火袋
　③中台
　④基礎

42 □□□

写真の病気の発生しやすい樹木として、最も適切なものを選びなさい。
　①ツバキ類
　②サクラ類
　③カエデ類
　④ツツジ類

43 □□□

写真の樹木の説明として、最も適切なものを選びなさい。
　①落葉広葉樹である。
　②常緑針葉樹である。
　③日本に自生している。
　④開花期は10月～12月である。

44 □□□

四ツ目垣の縦方向に施工する竹の名称として、最も適切なものを選びなさい。
　①間柱
　②親柱
　③胴縁
　④立て子

45 □□□

各施設を真上から見た図面として、最も適切なものを選びなさい。
　①透視図
　②立面図
　③平面図
　④詳細図

□□□

次の庭園様式の説明として、最も適切なものを選びなさい。

「江戸時代に、参勤交代の旅で見た名勝地の風景を縮小して取り入れた庭園様式。」

　①建築式庭園
　②枯山水式庭園
　③西洋式庭園
　④回遊式庭園

47 □□□

写真の樹木の支柱方法の名称として、最も適切なものを選びなさい。
　①布掛け支柱
　②鳥居型支柱
　③八つ掛け支柱
　④方杖形支柱

48 □□□

街区公園の1か所当たりの標準面積として、最も適切なものを選びなさい。
　①0.25ha
　②0.50ha
　③0.75ha
　④1.00ha

49 □□□

樹木の根回しについて、最も適切なものを選びなさい。
　①根回しの径は根元直径の10倍位がよい。
　②対象となる樹木は貴重で、安全に活着させたいものに行う。
　③根回しをした5〜10年後に移植すると安全である。
　④一般に酷寒か酷暑に行うと細根の発生がよい。

50 □□□

写真の葉の付き方の説明として、最も適切なものを選びなさい。
①互生
②対生
③輪生
④実生

※環境系の選択者は、造園、農業土木、林業のうち1分野を、選択して下さい（複数分野を選択すると不正解となります）。

41 □□□

　土地改良工法について、漏水の激しい水田において、転圧により土の間隔を小さくして、浸透を抑制する方法として、最も適切なものを選びなさい。
　　①不良層排除
　　②除礫
　　③床締め
　　④客土

42 □□□

　ミティゲーションの5原則における「最小化」に該当する事例として、最も適切なものを選びなさい。
　　①動植物を一時的に移設する。
　　②湧水地や平地林などを保全する。
　　③生態系拠点を別の場所に確保する。
　　④自然石等による護岸水路を実施する。

43 □□□

　ミティゲーション5原則における「修正」に該当する事例として、最も適切なものを選びなさい。
　　①水路の一部を保全区間として工事除外をする。
　　②生物が水田と往き来できるようにライニング水路を土水路に改修する。
　　③低騒音機械等を選択する。
　　④生態系拠点を避けて道路線形の計画をする。

44 ☐☐☐

「力の3要素」の組み合わせとして、最も適切なものを選びなさい。
　①モーメント、方向、回転
　②方向、回転、加速度
　③モーメント、回転、強さ
　④作用点、方向、大きさ

45 ☐☐☐

杭の根元から30cm の高さのところを、150N の力で水平に引っ張ったとき、杭の根元に対する力のモーメントとして、最も適切なものを選びなさい。
　①4,500N・m
　②45N・m
　③500N ／ m
　④5 N ／ m

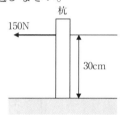

46 ☐☐☐

「一つの物体に大きさが（A）向きが（B）の2力が（C）作用線上で作用しているとき、この2力は釣り合っているという。」（A）（B）（C）に入る言葉の組み合わせとして、最も適切なものを選びなさい。

```
     A      B      C
①反対    同じ    等しく
②反対    等しく  同じ
③等しく  同じ    反対
④等しく  反対    同じ
```

47 ☐☐☐

断面積200mm² の鋼材を40kN の力で引っ張ると、部材内部に生じる軸方向応力について、最も適切なものを選びなさい。
　①200N ／ mm²
　②0.2N ／ mm²
　③5 mm² ／ N
　④0.005mm² ／ N

48 ☐☐☐

パスカルの原理を利用した装置として、最も適切なものを選びなさい。
　①陽水機
　②水圧計
　③水圧機
　④流速計

49 ☐☐☐

図のような断面の水路に流速0.5m／sで水が流れているときの流量として、最も適切なものを選びなさい。
　①2 m³／s
　②1 m³／s
　③0.5m³／s
　④0.25m³／s

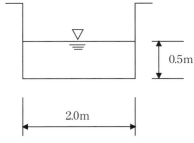

0.5m

2.0m

50 ☐☐☐

土粒子の種類による粒径について、大きさの並びとして、最も適切なものを選びなさい。
　①粘土　　＜　シルト　＜　砂　＜　礫
　②粘土　　＜　シルト　＜　礫　＜　砂
　③シルト　＜　粘土　　＜　砂　＜　礫
　④シルト　＜　粘土　　＜　礫　＜　砂

※環境系の選択者は、造園、農業土木、林業のうち１分野を、選択して下さい（複数分野を選択すると不正解となります）。

41 □□□

　平成31年３月に「森林環境税及び森林環境譲与税に関する法律」が成立したが、この新たな税の内容として、最も適切なものを選びなさい。
　　①自治体による森林の譲与・譲渡のために使われる。
　　②公害対策など環境保全のために使われる。
　　③主に森林整備の促進のために使われ、木材利用の促進のためにも使われる。
　　④都道府県に譲与されるが、市町村には譲与されない。

42 □□□

　気候による植生の違いに関する次の記述に該当するものとして、最も適切なものを選びなさい。

　「山地や平地など起伏に富んだ日本においては、標高によって植生が変化する。」

　　①一次遷移
　　②二次遷移
　　③水平分布
　　④垂直分布

43 □□□

「萌芽更新」に関する説明として、最も適切なものを選びなさい。
　　①萌芽更新が可能な樹種は、ヒノキなどの針葉樹が適している。
　　②樹木の伐採後に残された根株から芽が出て、これが成長することを萌芽という。
　　③建築材として木材を生産するには萌芽更新が適している。
　　④萌芽更新は70年生以上の樹木を伐採した方が更新されやすい。

44 □ □ □

「一次林」の説明として、最も適切なものを選びなさい。
　①天然林など人の手がほとんど入っていない森林。
　②伐採などの人間活動の結果でき上がった森林。
　③山火事などで一度消失した後に再生した森林。
　④スギやヒノキなどを植栽した森林。

45 □ □ □

林木の保育に関する次の記述の名称として、最も適切なものを選びなさい。

　「混みすぎた森林を適正な密度で健全かつ高価値な森林に導くための間引き作業。」

　　①枝打ち
　　②皆伐
　　③除伐
　　④間伐

46 □ □ □

「玉切り」に関する説明として、最も適切なものを選びなさい。
　①チェーンソーは玉切りには使用しない
　②ハーベスタなどの高性能林業機械も玉切りができる
　③集材の作業の一つである
　④玉切る長さは5mが一般的である

47 □ □ □

「スギ」に関する説明として、最も適切なものを選びなさい。
　①スギの主な用途は、きのこの原木用である。
　②スギの主な用途は、タンスなどの家具用である。
　③スギ材は、固くて加工がしにくいが強度は強い。
　④スギ材の中心は赤みがかかっている場合が多い。

48 □□□

　図の「高性能林業機械」の名称とこの機械を使用した作業として、最も適切なものを選びなさい。
　　①フォワーダ　　－　集材
　　②プロセッサ　　－　造材
　　③タワーヤーダ　－集材
　　④スキッダ　　　－造材

49 □□□

　写真の測定器具の名称として、最も適切なものを選びなさい。
　　①測竿
　　②コンパス
　　③ブルーメライス
　　④輪尺

50 □□□

　木材（丸太）の材積測定に関する説明として、最も適切なものを選びなさい。
　　①丸太の末口とは、根元に近い方の木口のことである。
　　②丸太の材積の呼称として、かつては「石」を単位としていた。
　　③末口自乗法（二乗法）とは、末口直径×長さで求める。
　　④柱用の丸太の長さとして、2mが一般的である。

2018年度 第1回（7月14日実施）

日本農業技術検定 3級 試験問題

◎受験にあたっては、試験官の指示に従って下さい。
　指示があるまで、問題用紙をめくらないで下さい。
◎受験者氏名、受験番号、選択科目の記入を忘れないで下さい。
◎問題は全部で50問あります。1～30が農業基礎、31～55が選択科目です。選択科目のうち46～55は、10問のなかから5問を選択して解答して下さい（6問以上解答した場合は、46～55はすべて不正解となります。）
◎選択科目は4科目のなかから1科目だけ選び、解答用紙に選択した科目をマークして下さい。選択科目のマークが未記入の場合には、得点となりません。環境系の46～55は造園、農業土木、林業から更に1つ選んで下さい。選択科目のマークが未記入の場合には、得点となりません。
◎すべての問題において正答は1つです。1つだけマークして下さい。2つ以上マークした場合には、得点となりません。
◎総解答数は、どの選択科目とも50問です。それ以上解答しないで下さい。
◎試験時間は40分です（名前や受験番号の記入時間を除く）。

【選択科目】

栽培系	p.154～160
畜産系	p.161～167
食品系	p.168～174
環境系	p.175～189

解答一覧は、「解答・解説編」（別冊）の5ページにあります。

日付			
点数			

農業基礎

　農作物の周辺の土を削って、雑草を取り除いたり、農作物の根元に土寄せをしたり、うね作りに使用する用具として、最も適切なものを選びなさい。

①　　　　　　　　　　　②

③　　　　　　　　　　　④

2 □□□

次の写真の機械の名称として、正しいものを選びなさい。
①トラクタ
②コンバイン
③田植機
④耕うん機

3 □□□

肥料の3要素の組み合わせとして、正しいものを選びなさい。
①窒素、リン酸、カルシウム
②窒素、リン酸、マグネシウム
③窒素、カリ、マグネシウム
④窒素、リン酸、カリ

4 □□□

次の作物の名称として、正しいものを選びなさい。
①イネ
②ムギ
③ダイズ
④ジャガイモ

5 □□□

バラ科の植物の組み合わせとして、正しいものを選びなさい。
　①リンゴ、ナシ
　②レタス、キク
　③タマネギ、チューリップ
　④シンビジウム、コチョウラン

6 □□□

植物の器官のうち、生殖器官として正しいものを選びなさい。
　①葉
　②茎
　③根
　④花

7 □□□

果物の糖度が高くなりやすい条件として、最も適切なものを選びなさい。
　①日照時間が充分で、光合成が活発である。
　②湿度が高く、土壌水分が豊富である。
　③曇りの日が多く、徒長ぎみに生育している。
　④気温が低く、果実の生育が遅れている。

8 □□□

　緑色植物が光合成を行うための必要な条件の組み合わせとして、最も適切なものを選びなさい。
　①水・光・酸素
　②水・光・二酸化炭素
　③光・温度・酸素
　④光・温度・二酸化炭素

9 □□□

次の農産物気象災害の説明として、最も適切なものを選びなさい。

「長期間降雨がないために土壌水分が不足し作物の生育が悪化したり枯れたりする害。」

①水害
②干害
③凍霜害
④風害

10 □□□

土壌中の肥料分の多少を示す数値をあらわすものとして、最も適切なものを選びなさい。
① pH
② pF
③ C ／ N 比
④ EC

11 □□□

有機質肥料として、正しいものを選びなさい。
①苦土石灰
②油かす
③鹿沼土
④化学肥料

12 □□□

畑10a に窒素成分で16kg 施すには、A 肥料（肥料成分：16－10－14）では何 kg 施用すればよいか。正しいものを選びなさい。
①50kg
②100kg
③120kg
④160kg

□□□

土壌中の塩類集積の害の説明として、最も適切なものを選びなさい。
  ①土中の肥料成分の多少と塩類集積の害とは無関係である。
  ②塩類集積の害は、土中深くに集積することにより発生する。
  ③マリーゴールドやクローバなどのクリーニングクロップを栽培し、塩類を吸収させる。
  ④露地栽培より、施設栽培の方が塩類集積の害が発生しやすい。

14 □□□

次の作物の名称として、正しいものを次の中から選びなさい。
  ①ジャガイモ
  ②サツマイモ
  ③ダイズ
  ④キュウリ

15 □□□

次の昆虫の説明として、最も適切なものを選びなさい。

①口針で植物の葉などから吸汁し、害を及ぼす。
②温室やハウスで採用することが多いため、作物の茎葉を食害する。
③病気を媒介するため、温室内に入るのを防ぐ必要がある。
④花粉を媒介し、受粉・結実を助ける益虫である。

16 □□□

農薬使用についての説明として、最も適切なものを選びなさい。
　　①天候や病害虫の発生にかかわらず、必ず定期的に散布をする。
　　②農薬の使用方法をよく読み、使用時期や濃度などを守って散布する。
　　③除草剤と殺虫殺菌剤を同じ器具で散布しても問題がない。
　　④農薬は、使用時期や使用回数の制限はない。

17 □□□

次の雑草の説明として、適切なものを選びなさい。
　　①イネ科の一年草
　　②カタバミ科の多年草
　　③タデ科の宿根草
　　④キク科の宿根草

18 □□□

次のキャベツの葉を食害した害虫として、最も適切なものを選びなさい。
　　①コナジラミの成虫
　　②ハスモンヨトウの幼虫
　　③アブラムシの成虫
　　④カメムシの成虫

19 □□□

この害虫の加害様式として、最も適切なものを選びなさい。
　①食害
　②吸汁害
　③茎への食入
　④虫こぶの形成

20 □□□

畑地雑草のナズナとして、正しいものを選びなさい。

①　②

③　④

21 □□□

家畜についての説明として、最も適切なものを選びなさい。
　①稲作などの生産を助ける労働力として飼育されるものを用畜という。
　②肉や乳、皮などの畜産物の生産を目的として飼育するものを役畜という。
　③人間が長い年月をかけて野生動物を飼いならしながら改良したものを家畜
　　という。
　④ミツバチやカイコは、家畜に含まれない。

22 □□□

ニワトリの品種名とその用途の組み合わせとして、最も適切なものを選びなさ
い。
　　　　　　　品種名　　　　　　　　用途
　①ロードアイランドレッド種　　卵用種
　②白色レグホーン種　　　　　　卵肉兼用種
　③白色プリマスロック種　　　　肉用種
　④白色コーニッシュ種　　　　　卵肉兼用種

23 □□□

乳牛の品種として、正しいものを選びなさい。
　①ブラウンスイス種
　②ランドレース種
　③黒毛和種
　④ヘレフォード種

24 □□□

反すう胃を持たない動物として、正しいものを選びなさい。
　①ウシ
　②ヤギ
　③ウマ
　④ヒツジ

25 □□□

　手指や鼻腔に付着していることが多く、増殖すると毒素であるエンテロトキシンを産生する毒素型食中毒の原因菌として、正しいものを選びなさい。
　　①サルモネラ菌
　　②ボツリヌス菌
　　③黄色ブドウ球菌
　　④腸炎ビブリオ

26 □□□

　パン酵母の栄養源となる材料として、最も適切なものを選びなさい。
　　①小麦粉
　　②砂糖
　　③油脂
　　④食塩

27 □□□

　消化酵素アミラーゼ（ジアスターゼ）を含んでいるため消化に良いといわれる野菜として、最も適切なものを選びなさい。
　　①ジャガイモ
　　②ダイコン
　　③トマト
　　④ハクサイ

28 □□□

　収量（生産量）の増加に直接結びつく肥料・農薬・飼料など、1回の農業生産（1年以内の短期間）に利用されるものとして、最も適切なものを選びなさい。
　　①流動資本
　　②農業経営費
　　③農業生産費
　　④固定資本

29 □□□

農業労働の特徴について、次の（A）〜（E）に適する語句の組み合わせとして、最も適切なものを選びなさい。

> 農作業の忙しい（　A　）期や、農作業の比較的楽な（　B　）期などの自然サイクルに合わせることになり、（　C　）にも左右される。また、分散耕地が多く、（　D　）作業が多い。さらに、（　E　）や技術・知識が必要となってくる。

	A	B	C	D	E
①	農繁	農閑	天候	移動	経験
②	農閑	農繁	天候	集約	経験
③	農繁	農閑	適期	集約	分業
④	農閑	農繁	適期	移動	分業

30 □□□

過疎化や高齢化が進展していく中で、経済的・社会的な共同生活の維持が難しくなり、社会単位としての存続が危ぶまれているコミュニティの呼び方として、正しいものを選びなさい。
　　①限界集落
　　②フードデザート
　　③財政再建団体
　　④ワーカーズコレクティブ

選択科目（栽培系）

31 □□□

一年草の草花に分類されるものとして、最も適切なものを選びなさい。
① シンビジウム
② カーネーション
③ チューリップ
④ マリーゴールド

32 □□□

花木として、最も適切なものを選びなさい。
① バラ
② ヒマワリ
③ シャコバサボテン
④ ガーベラ

33 □□□

秋ギクの花芽分化の条件として、最も適切なものを選びなさい。
① 日長条件のみ関係する。
② 温度条件のみ関係する。
③ 日長条件と温度条件の両方が関係する。
④ 日長条件と温度条件の両方に関係しない。

34 □□□

農薬が効かない病原体微生物として、最も適切なものを選びなさい。
① 細菌
② 糸状菌
③ ウイルス
④ センチュウ

35 □□□

トマトの栽培管理作業として、最も適切なものを選びなさい。
　①茎と葉の間から発生するえき芽は果実の成長促進と過繁茂防止のために、早めに取り除く。
　②葉は光合成をするために必要であるため、過繁茂でも取り除かない。
　③できるだけ多く収穫するため、着果した果実は摘果しないのが普通である。
　④摘心とは、葉のつけねから発生してくる芽を取り除くことである。

36 □□□

ダイズについて、最も適切なものを選びなさい。
　①他の穀物と比較して、子実にタンパク質と脂質を多く含むため、「畑の肉」と呼ばれることがある。
　②発芽に必要な栄養分はイネと同様に胚乳に蓄えられている。
　③根に根粒菌が共生するが、空気中の窒素は利用できない。
　④納豆の原材料となるのは未成熟の状態で収穫した枝豆である。

37 □□□

イネの育苗管理として、最も適切なものを選びなさい。
　①播種から緑化までの期間は20〜25℃に保温し、硬化から移植までの期間は自然温度に慣らしていく。
　②播種から緑化までの期間は15〜20℃に保温し、硬化から移植までの期間も同じ温度で育てる。
　③播種から緑化までの期間は自然温度で管理し、硬化から移植までの期間も自然温度で育てる。
　④播種から緑化までの期間は自然温度で管理し、硬化から移植までの期間は20〜25℃で育てる。

38 □□□

イネの苗の種類の説明として、最も適切なものを選びなさい。
　①苗の分類は草丈だけで行う。
　②葉数により、稚苗、中苗、成苗に分ける。
　③田植機で使用する苗は成苗が一般的である。
　④稚苗、中苗、成苗は分げつの茎数で分ける。

イネのいもち病の説明として、最も適切なものを選びなさい。
　①いもち病は発生する部位により葉いもち、穂いもち・節いもち等がある。
　②窒素肥料を多く施すと、いもち病の発生が減少する。
　③高温多湿では、いもちの発生が少ない。
　④種子消毒は、いもち病の防除効果がない。

ジャガイモの特徴として、最も適切なものを選びなさい。
　①ジャガイモにはウイルスの感染がないため、何年間も収穫したものを種イ
　　モとして使用できる。
　②土の中で生育するため、秋に植え付け、春に収穫する。
　③ジャガイモは暑さに弱く、北海道以外では栽培できない。
　④ジャガイモは、茎が肥大したものである。

イネの種まき前に行う種もみの処理（予措）の過程として、最も適切なものを
選びなさい。
　①消毒　―　浸種　―　催芽
　②消毒　―　浸種　―　選種
　③催芽　―　浸種　―　消毒
　④浸種　―　催芽　―　消毒

トウモロコシの発芽の図のなかで、「幼葉しょう（鞘)」として、最も適切なも
のを選びなさい。

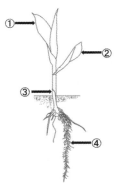

第1回度
2018年

43 □□□

　針葉樹などの樹皮で、洋ランなどの植え込み用資材として使用される資材名として、最も適切なものを選びなさい。
　　①ピートモス
　　②ミズゴケ
　　③くん炭
　　④バーク

44 □□□

　草花の育苗・繁殖法の説明として、最も適切なものを選びなさい。
　　①キクは種子をまいて苗を作るのが一般的である。
　　②細かい種子はまき床にばらまきをし、水は底面から吸わせる。
　　③明発芽（好光性）種子の場合は厚く覆土をする。
　　④緑枝挿しの穂は親株から切ってから行うが、葉は水分の蒸散が大きいので
　　　全て取り除く。

45 □□□

　リンゴ（大玉）の開花と受粉後の状態を示している。この時期に必要な作業として、最も適切なものを選びなさい。

　　①中心花を残し側花を摘む作業を行う。
　　②ジベレリンを散布して無種子化を行う。
　　③多くの果実を収穫するために、このまま全て残し、肥大させる。
　　④殺虫剤を散布してミツバチなどの訪花昆虫を殺す。

（重要！）設問46〜55は、10問のうち5問を選択して解答して下さい。
6問以上解答した場合は、設問46〜55はすべて不正解となります。

（栽培系）

46 □□□

ダイコンの岐根（きこん）の原因として、最も適切なものを選びなさい。
　①ハスモンヨトウ
　②ネコブセンチュウ
　③アブラムシ
　④キスジノミハムシ

47 □□□

両性花の野菜として、正しいものを選びなさい。
　①スイートコーン
　②カボチャ
　③トマト
　④キュウリ

48 □□□

　スイートコーンの栽培で1株1本の子実を収穫するために行う作業として、最も適切なものを選びなさい。
　①雌穂除法（除房）
　②雄穂除法
　③摘心
　④土寄せ

49 □□□

植物分類でウリ科に属する野菜として、正しいものを選びなさい。
　①トマト
　②キュウリ
　③ダイコン
　④イチゴ

50 □□□

トマトが開花してから収穫されるまでの日数として、最も適切なものを選びなさい。
①7〜10日
②20日程度
③30〜50日
④40〜60日

51 □□□

園芸利用上で観葉植物に分類されるものとして、正しいものを選びなさい。
①カスミソウ
②キキョウ
③ヒヤシンス
④ドラセナ

52 □□□

常緑性果樹として、正しいものを選びなさい。
①カンキツ
②ブドウ
③カキ
④ナシ

53 □□□

実生繁殖の意味として最も適切なものを選びなさい。
①種を播く。
②さし木をする。
③株分けをする。
④取り木をする。

54 □□□

種まきで覆土しない明発芽（光発芽）種子として、最も適切なものを選びなさ
い。
①ダイコン
②ニンジン
③スイカ
④トマト

55 □□□

単為結果しやすいものとして、最も適切なものを選びなさい。
①エダマメ（ダイズ）
②スイートコーン
③スイカ
④キュウリ

31 □□□

家畜の繁殖について、最も適切なものを選びなさい。
　①ウシは性成熟期を迎えなくても繁殖が可能である。
　②生殖器が発達した雌は、常に発情徴候を現す。
　③季節繁殖動物は、1年に4回の発情が来る。
　④繁殖とは、子孫を残すための交配・妊娠・出産などの一連の過程のことをいう。

32 □□□

ニワトリのヒナを選ぶ際の注意点として、最も適切なものを選びなさい。
　①動きが活発で、体重が100g前後ある。
　②へそが大きく内部がよく見える。
　③総排泄腔に汚れがない。
　④羽毛が黄色く、つやがある。

33 □□□

鶏卵を構成するもののうち、一番大きな割合を占めるものとして最も適切なものを選びなさい。
　①卵殻
　②卵殻膜
　③卵黄
　④卵白

34 □□□

ニワトリにおけるクラッチの説明について、最も適切なものを選びなさい。
　①1回の連産の長さ
　②古い羽毛が抜けて新しい羽毛におきかわる性質
　③個体間でのつつき合いやとびかかりによる強弱の順位付け
　④ひなが若いうちにくちばしの先を切除する処理

35 ☐☐☐

初生びなの**雌雄鑑別方法**として、最も適切なものを選びなさい。
①ふ卵温度鑑別法
②くちばし鑑別法
③眼球鑑別法
④羽毛鑑別法

36 ☐☐☐

ニワトリが感染するマレック病の原因として、最も適切なものを選びなさい。
①マイコプラズマ
②ウイルス
③コクシジウム
④ロイコチトゾーン

37 ☐☐☐

　ニワトリの飼育管理のうち、密飼いや高温多湿での飼育などストレスが引き金となりお互いをつつきあう悪癖を予防するため行うもので、最も適切なものを選びなさい。
①餌付け
②ワクチン接種
③デビーク
④強制換羽

38 ☐☐☐

ブタの大ヨークシャー種の品種略号として、正しいものを選びなさい。
①B
②Y
③L
④W

39 ☐☐☐

ブタの妊娠期間として、最も適切なものを選びなさい。
① 84日
②114日
③144日
④174日

40 □□□

ブタの法定伝染病として、最も適切なものを選びなさい。
①豚コレラ
②豚丹毒
③オーエスキー病
④伝染性胃腸炎

41 □□□

畜産物の生産について、最も適切なものを選びなさい。
①肉の生産をするブタを繁殖豚という。
②採卵鶏は、ふ化後約１年頃から産卵を開始する。
③できるだけ多くの良質な肉を生産することを目的とする飼育を肥育という。
④肉の生産をする牛をブロイラーという。

42 □□□

飼料についての説明で、最も適切なものを選びなさい。
①ニワトリやブタに与える配合飼料の飼料原料は、その多くを輸入に頼っている。
②濃厚飼料は、繊維質が豊富な牧草や乾草などである。
③栄養分含量の高い穀類などを粗飼料と呼ぶ。
④一般に、栄養価の高い飼料で育てると成長が速く、よく肥り肉質がよくなる。

43 □□□

畜種と畜舎もしくは飼育方式の組み合わせで、最も適切なものを選びなさい。
①ブタ　　　－　　SPF 畜舎
②ニワトリ　－　　デンマーク方式
③ウシ　　　－　　ウインドウレス畜舎
④ニワトリ　－　　コンフォート方式

44 □□□

家畜の排せつ物について、最も適切なものを選びなさい。
　①家畜の糞尿は、堆肥化することで、土壌を改良する肥料として重要な資源になる。
　②搾乳牛の年間あたりのふん量（ t ）と尿量（ t ）とでは、尿量の方が多い。
　③日本のように小さい面積で多くの頭数を飼育する畜産では、家畜排せつ物の野積みが推奨される。
　④家畜の排せつ物は、直接的には地下水汚染や土壌汚染とは関係がない。

45 □□□

ウシの第1胃についての説明として、正しいものを選びなさい。
　①内部が蜂の巣状の構造をしており、反すうに関わる働きをしている。
　②ルーメンとも言う。原虫や細菌が生息しており飼料の分解、反すうに関わる。
　③内部が葉状のひだがあり、胃全体の容積の７〜８％を占めている。
　④単胃動物の胃と同じく胃液を分泌し、炭水化物等の消化・吸収を行う。

（重要！）設問46〜55は、10問のうち５問を選択して解答して下さい。

６問以上解答した場合は、設問46〜55はすべて不正解となります。

（畜産系）

46 □□□

写真の搾乳システムの名称として正しいものを選びなさい。
　①ライトアングル方式
　②ロータリーパーラ方式
　③ヘリンボーン方式
　④アブレスト方式

47

次に示す牛の写真の部位のうち正しいものを選びなさい。
①A：き甲
②B：つなぎ
③C：肋
④D：ひざ

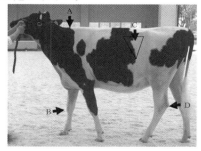

乳の保存と出荷について、最も適切なものを選びなさい。
①搾乳した乳は、15℃以下に冷却して保存される。
②殺菌処理をしていない搾乳したままの乳を生乳という。
③搾乳してすぐの乳は、パイプラインを通る間に殺菌処理が行われる。
④集乳車によって輸送された乳は、工場で一旦冷凍される。

ウシの病気において寄生虫が原因とされるものとして、最も適切なものを選びなさい。
①ケトーシス
②カンテツ症
③第4胃変位
④鼓脹症

ウシの妊娠の維持に関わるホルモンとして、最も適切なものを選びなさい。
①オキシトシン
②エストロゲン
③プロゲステロン
④アドレナリン

51 ☐☐☐

乳牛を乾乳させる期間として、最も適切なものを選びなさい。
　①約2か月
　②約3か月
　③約4か月
　④約5か月

52 ☐☐☐

採卵養鶏場において、1万羽を収容している鶏舎で、ある日の産卵個数が9,850個であった。この日の産卵率として正しいものを選びなさい。
　①85.0%
　②98.5%
　③100%
　④101.5%

53 ☐☐☐

乳製品についての説明として、最も適切なものを選びなさい。
　①脱脂乳やヨーグルトは発酵させて製造される。
　②ナチュラルチーズとプロセスチーズの違いは、塩分量である。
　③牛乳の成分は、季節を問わず組成比率が一定である。
　④牛乳は、バターやアイスクリームに加工される。

54 ☐☐☐

写真の機械の用途として適切なものを選びなさい。
　①堆肥の散布
　②糞尿スラリーの散布
　③肥料の散布
　④播種後の鎮圧

55 ☐☐☐

写真の機械の名称を、次の中から選びなさい。

①ポンプタンカー

②ロールベーラ

③マニュアスプレッダ

④ブロードキャスタ

選択科目（食品系）

31 □□□

「乳等省令」によって、搾乳したままの牛の乳の名称として、正しいものを選びなさい。
- ①原乳
- ②牛乳
- ③生乳
- ④初乳

32 □□□

果実や野菜を冷蔵すると生理障害を起こし、かえって変質しやすくなる現象として、最も適切なものを選びなさい。
- ①低温効果
- ②低温抑制
- ③低温障害
- ④冷凍負け

33 □□□

嘔吐、頭痛の後、顔面麻痺や呼吸麻痺に至る致死率の高い食中毒の原因になる嫌気性微生物として、正しいものを選びなさい。
- ①ボツリヌス菌
- ②サルモネラ菌
- ③大腸菌
- ④腸炎ビブリオ

34 □□□

食品添加物で「食経験があり、これまでに天然添加物として使用されていたもの」に分類されているものとして、最も適切なものを選びなさい。
①指定添加物
②既存添加物
③天然香料
④一般飲食物添加物

35 □□□

この識別マークがついている容器から再利用されているものとして、最も適切なものを選びなさい。
①卵パック・食品用トレイ
②繊維・衣料品
③飲料用ボトル・洗剤用ボトル
④荷台（パレット）・土木建築用資材（コンクリートパネル）

36 □□□

次のうち、α化デンプンの説明として、最も適切なものを選びなさい。
①生の米に含まれているデンプン
②炊き立てのご飯に含まれているデンプン
③冷めたご飯に含まれているデンプン
④老化したデンプン

37 □□□

うるち精白米を粉砕したもので、デンプンや小麦粉より粒子が大きく、水でこねても粘りが出にくく、独特の歯ごたえがあるものとして、最も適切なものを選びなさい。
①片栗粉
②上新粉
③コーンスターチ
④白玉粉

38 □□□

　スポンジケーキ製造において卵白と卵黄を分けて泡立てる方法を何というか、正しいものを選びなさい。
　　　①泡立て法
　　　②共立て法
　　　③別立て法
　　　④中立て法

39 □□□

　パンに用いられる小麦粉の種類として、最も適切なものを選びなさい。
　　　①デュラム粉
　　　②強力粉
　　　③中力粉
　　　④薄力粉

40 □□□

　下記の製造工程に該当する加工品はどれか、最も適切なものを選びなさい。

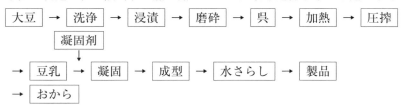

　　　①凍り豆腐
　　　②油揚げ
　　　③がんもどき
　　　④豆腐

41 □□□

　はるさめの原料となる豆類として、最も適切なものを選びなさい。
　　　①小豆
　　　②エンドウ
　　　③緑豆
　　　④ソラマメ

42 □□□

原料成分中のグルコマンナンの吸水性やアルカリ性になると凝固する性質を利用した加工品の原料として、最も適切なものを選びなさい。
① サトイモ
② ジャガイモ
③ サツマイモ
④ コンニャクイモ

43 □□□

野菜の鮮度保持期間を長くするために除去する追熟ホルモンとして、最も適切なものを選びなさい。
① アントシアニン
② エチレン
③ カロテノイド
④ クロロフィル

44 □□□

ジャム類を製造する場合、「ゼリー化の３要素」がゲル化やかたさに大きな影響を及ぼす、最も適切な組み合わせを選びなさい。
① 糖・有機酸・ペクチン
② 糖・塩酸・レンネット
③ 塩・有機酸・ペクチン
④ 塩・塩酸・ラクトース

45 □□□

渋柿を用いて干し柿を製造すると、乾燥中に渋抜きされて甘い干し柿となる。渋柿に含まれる渋味の原因物質として、最も適切なものを選びなさい。
① ブドウ糖
② リンゴ酸
③ ペクチン
④ タンニン

（重要！）設問46〜55は、10問のうち5問を選択して解答して下さい。

6問以上解答した場合は、設問46〜55はすべて不正解となります。

（食品系）

46 □□□

ミカン缶詰の製造において酸液とアルカリ液の処理を行う。この処理により溶解する物質として、最も適切なものを選びなさい。
①果皮の色素
②砂じょう膜のセルロース
③果皮のワックス
④じょうのう膜のペクチン

47 □□□

イチゴジャム製造で、レモン果汁を添加すると鮮やかな赤色になる物質として、最も適切なものを選びなさい。
①アントシアニン
②クロロフィル
③フラボノイド
④カロテノイド

48 □□□

ブタ腸または太さが20mm 以上36mm 未満のケーシングに詰めたソーセージの名称として、正しいものを選びなさい。
①フランクフルトソーセージ
②ウインナーソーセージ
③ボロニアソーセージ
④ドライソーセージ

49 □□□

肉加工品の肉色の変化で、硝酸塩や亜硝酸塩などの発色剤を塩漬時に添加したことによる鮮赤色の成分として、最も適切なものを選びなさい。
①オキシミオグロビン
②メトミオクロモーゲン
③ニトロソミオグロビン
④メトミオグロビン

50 □□□

牛乳の検査のうち、浮ひょう式比重計による測定値から判定できる項目として、最も適切なものを選びなさい。
①牛乳の鮮度
②牛乳の清潔度
③牛乳の酸度
④牛乳の脂肪分

51 □□□

タンパク質の定量に用いられる分析法として、最も適切なものを選びなさい。
①ニンヒドリン反応
②ビューレット反応
③キサントプロティン反応
④セミミクロケルダール法

52 □□□

乳酸発酵させた脱脂乳に多量の砂糖や香料を加え、シロップ状にした飲料として、最も適切なものを選びなさい。
①乳飲料
②加工乳
③酸乳飲料
④発酵乳

53 □□□

清酒の腐敗防止のために古来から行われてきた方法として、最も適切なものを選びなさい。
①火入れ
②水入れ
③木入れ

④金入れ

54 □□□

ダイズにほぼ等量の麦を加えたものを麹の原料としたしょうゆとして、正しいものを選びなさい。
①濃口しょうゆ
②薄口しょうゆ
③白しょうゆ
④たまりしょうゆ

55 □□□

食品の安全性を確保するため2006年に導入された厳しい農薬の残留基準に関する制度として、最も適切なものを選びなさい。
①ＰＬ法
②産業廃棄物管理票制度
③有機農産物認証制度
④ポジティブリスト制度

31 □□□

　平板のすえ付けについて、次の条件と説明の組み合わせとして最も適切なもの
を選びなさい。
　　①致心（求心）……閉合誤差を一致させる。
　　②整準（整置）……図板上の点と地上の測点を鉛直線上にあるようにする。
　　③定位（指向）……図板上の測線方向と地上の測線方向を一致させる。
　　④調整……平板を水平にする。

32 □□□

アリダードの点検として、適切なものを選びなさい。
　　①気ほう管軸と定規底面は直交する。
　　②視準板と定規底面は平行である。
　　③視準面は定規底面と直交する。
　　④視準面は定規縁と直交する。

33 □□□

自動レベルの説明として、最も適切なものを選びなさい。
　　①円形気ほう管で器械をほぼ水平にしたのち、微傾動ネジで視準線が正確に
　　　水平になる。
　　②円形気ほう管で器械を水平にすると、自動的に視準線が水平になる。
　　③円形気ほう管で器械を水平にして、水平なレーザー光を出す。
　　④三脚のかわりに手で水平にして使う。

34 □□□

対象物の見えない部分の形状を表す線として、最も適切なものを選びなさい。
　　①実線
　　②破線
　　③一点鎖線
　　④二点鎖線

35 □□□

図の断面記号は何を表しているか、最も適切なものを選びなさい。
　①水
　②砂・モルタル
　③地盤
　④割りぐり

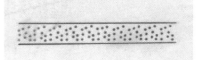

36 □□□

図面に用いられる次の文字の書体の名称として、最も適切なものを選びなさい。
造園
　①ゴシック体
　②明朝体
　③楷書体
　④行書体

造園

37 □□□

次の平板測量の説明で、最も適切なものを選びなさい。

「図上に描かれた点（既地点）を基準として、新しい点（未知点）の位置を距離を測量しないで、方向線の交点から未知点を求める方法」

　①道線法
　②放射法
　③交会法
　④三辺法

38 □□□

地面から1.2mの高さ（胸高）の外周が6.28mであった。この樹木の直径はいくらか、最も適切なものを選びなさい。
　①1.0m
　②1.5m
　③2.0m
　④2.5m

39 □□□

次の説明として、最も適切なものを選びなさい。

「緑豊かな山に行き、静けさ、すがすがしさ、新鮮な空気を体全体で感じ、健康の回復をはかること。」

　①森林浴
　②天然浴
　③生物多様性
　④緑のダム

40 □□□

劣悪土壌の改良方法として、土層を良質な土壌に取り替えることをなんというか、最も適切なものを選びなさい。
　①用土
　②客土
　③堆積土
　④残積土

41 □□□

我が国の森林の状況についての説明として、最も適切なものを選びなさい。
　①手入れされずに放置された森林はあまり見かけない。
　②日本は国産材よりも輸入される外材の割合が高い。
　③ブナなどの広葉樹の多くは、戦後植栽されたものである。
　④森林の蓄積量は年々減少している。

42 □□□

森林の役割のうち「地球温暖化防止機能」の説明として、最も適切なものを選びなさい。
　①樹木の根が表土の流出を防ぐ。
　②樹木が大気中の二酸化炭素を吸収・固定する。
　③森林や樹木は大気を浄化し騒音を緩和する。
　④森林の土壌が水をたくわえて、時間をかけて流す。

写真の樹木の名称として、正しいものを選びなさい。
①アカマツ
②ブナ
③カラマツ
④スギ

「ヒノキ」の用途として、最も適切なものを選びなさい。
①柱や板などの建築用
②タンスなどの家具用
③シイタケなどのきのこ原木用
④パルプなどの紙の原料用

写真の機械の名称として、正しいものを選びなさい。
①枝打ち機
②集材機
③刈払機
④造材機

選択科目
（環境系）（造園）

※環境系の選択者は、造園、農業土木、林業のうち１分野を、選択して下さい（複数分野を選択すると不正解となります）。

（重要！）設問46〜55は、10問のうち５問を選択して解答して下さい。
６問以上解答した場合は、設問46〜55はすべて不正解となります。

（造園）

46 □□□

次の写真の灯籠の名称として、最も適切なものを選びなさい。
　　①織部型灯籠
　　②春日型灯籠
　　③雪見型灯籠
　　④平等院型灯籠

次の四つ目垣に用いるロープワークの名称について、最も適切なものを選びなさい。
　①よこ結び
　②たて結び
　③いぼ結び
　④とっくり結び

次の枯山水式庭園の説明で、最も適切なものを選びなさい。
　①歩きながら移り変わる景観を鑑賞する庭園。
　②池を作り山や海を表現している庭園。
　③茶室に行く途中の明るく広い庭園。
　④水墨画に見られる禅の精神的境地に通ずる庭園。

マダケは何科の植物か、最も正しいものを選びなさい。
　①マダケ科
　②タケ科
　③ササ科
　④イネ科

透視図を描くときに点Eの名称として、最も適切なものを選びなさい。
　①視心
　②基心
　③視点
　④原点

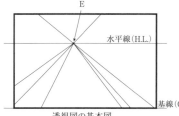

透視図の基本図

次の写真の病害虫が多く発生する樹木名として、最も適切なものを選びなさい。
①カキ
②クリノキ
③ナシ
④ブドウ

平板測量で用いる次の器具と関係するものはどれか、最も適切なものを選びなさい。
①定位
②標定
③整準
④致心

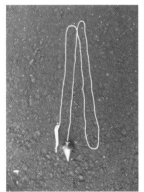

53

世界最初の国立公園として制定された公園名として、最も正しいものを選びなさい。
①セントラルパーク
②ハイドパーク
③イエローストーン
④クラインガルテン

54 □□□

次の樹木の葉の付きかたで対生のものはどれか、最も適切なものを選びなさい。
①イチョウ
②ヒノキ
③スギ
④ハナミズキ

55 □□□

次の公園の誘致距離で、最も適切なものを選びなさい。
①近隣公園 ― 1000m
②近隣公園 ― 750m
③街区公園 ― 500m
④街区公園 ― 250m

選択科目
（環境系）（農業土木）

※環境系の選択者は、造園、農業土木、林業のうち1分野を、選択して下さい（複数分野を選択すると不正解となります）。

（重要！）設問46〜55は、10問のうち5問を選択して解答して下さい。

6問以上解答した場合は、設問46〜55はすべて不正解となります。

（農業土木）

46 □□□

ミティゲーションの5原則における「軽減／除去」にあたる事例として、最も適切なものを選びなさい。
①動物の移動経路を道路の上部または下部に確保する。
②動物の移動経路を通過しないように路線計画を行う。
③生息・生育する動植物を一時的に移設し、工事後復旧する。
④多様な動植物が生息・生育する部分を通過しないように路線計画を行う。

47 □□□

動物の移動経路を路線が通過している場合、道路の上部または下部に橋梁・トンネルを作り移動経路を確保する事例のミティゲーションの原則として、最も適切なものを選びなさい。
①回避
②最小化
③修正
④軽減／除去

48 ☐☐☐

　表土にある障害となっている石を取り除き、生育環境の改善と農業機械の作業性の向上を図る方法として、最も適切なものを選びなさい。
　　①混層耕
　　②心土破砕
　　③除礫
　　　じょれき
　　④床締め

49 ☐☐☐

　図に示す水圧機において、A₁＝10c㎡、A₂＝50c㎡とし、P₁に20Nの圧力をかけると、P₂では何Nの力を取り出すことができるか、最も適切なものを選びなさい。
　　①　4 N
　　②　20 N
　　③　25 N
　　④100 N

50 ☐☐☐

　次の製図用具の名称として、正しいものを選びなさい。
　　①コンパス
　　②スプリングコンパス
　　③ディバイダ
　　④テンプレート

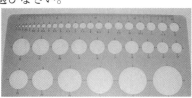

51 □□□

次の粒径の区分と呼び名について、Aに当てはまる呼び名は何か、最も適切なものを選びなさい。

0.001mm　　0.005mm　　　　0.075mm　　　　　　　2.0mm　　　　　75mm
（1μm）　　（5μm）　　　　（75μm）

A	C	D	E
B			

①礫
②砂
③シルト
④コロイド

52 □□□

「密閉された液体の一部に圧力を作用させると、その圧力はそのままで液体の各部分に伝わる。」この静水圧の性質について、最も適切なものを選びなさい。
　　①ベルヌーイの定理
　　②毛管現象
　　③ミティゲーション
　　④パスカルの原理

53 □□□

図のようにA点にある自重300Nの石とP_Bが釣り合うとき、C点で支える力は何Nか、正しいものを選びなさい。
　①　200N
　②　500N
　③　600N
　④1200N

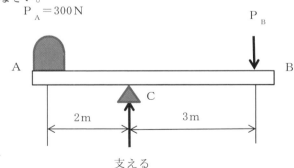

54 ☐☐☐

　図のように、断面積A㎡の部材に軸方向力P（N）が作用すると変形が生じます。部材の元の長さ1に対するのび量の割合について、最も適切なものを選びなさい。
　　①応力
　　②弾性
　　③ひずみ
　　④モーメント

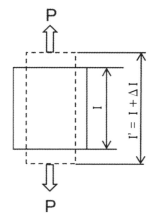

55 ☐☐☐

　図のように梁（はり）が安定しているときの条件として、最も適切なものを選びなさい。ただし、H：水平力　V：鉛直力　M：モーメントとする。
　　①ΣH = 0、ΣV = 0
　　②ΣH = 0、ΣM = 0
　　③ΣV = 0、ΣM = 0
　　④ΣH = 0、ΣV = 0、ΣM = 0

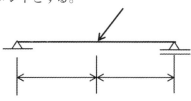

選択科目
（環境系）（林業）

※環境系の選択者は、造園、農業土木、林業のうち1分野を、選択して下さい（複数分野を選択すると不正解となります）。

（重要！）設問46～55は、10問のうち5問を選択して解答して下さい。
6問以上解答した場合は、設問46～55はすべて不正解となります。

（林業）

46 □□□

我が国の「森林面積」についての説明として、最も適切なものを選びなさい。
　①現在の我が国の森林面積のうち、人工林は約20％である。
　②約40年前に比べて我が国の森林面積は、大幅に減少している。
　③我が国の国土の約1／2（50％）が森林である。
　④現在の我が国の森林面積は、約2,500万 ha である。

47 □□□

生物群落の「遷移」に関する「極相林」の説明として、最も適切なものを選びなさい。
　①人の手で植林せずに自然に成立した森林
　②最終的に陰樹林となり安定した森林
　③異なる樹種が混在した森林
　④人の手がほとんど入っていない森林

48 □□□

「更新」に関する次の記述に該当するものとして、最も適切なものを選びなさい。

「20年生くらいのナラ類などの広葉樹を伐採し、切り株から発生させる更新」

　①天然更新
　②人工更新
　③萌芽更新
　④母樹更新

49 □□□

「二次林」の説明として、最も適切なものを選びなさい。
　①天然林は二次林である。
　②人工林は一次林であり二次林ではない。
　③伐採や山火事などで一度消失した後に再生した森林。
　④原生林は二次林である。

50 □□□

林木の保育作業と作業内容の組み合わせとして、最も適切なものを選びなさい。
　①枝打ち　―　植栽木の樹幹の変形、折損や光不足の原因となるつる植物の
　　　　　　　　除去
　②下刈り　―　節のない材をつくるために、下枝を付け根から切り取る作業
　③除伐　　―　雪解け後に倒れた幼木を起こす作業
　④間伐　　―　こみすぎた森林を適正な密度で健全かつ高価値な森林に導く
　　　　　　　　ための間引き作業

51 □□□

次の図の「高性能林業機械」として、正しいものを選びなさい。
　①フォワーダ
　②タワーヤーダ
　③プロセッサ
　④ハーベスタ

52 □□□

伐採方法のうち次の記述の名称として、最も適切なものを選びなさい。

「林木を一定期間ごとに部分的に伐採する方法」

①択伐法
②漸伐法
③皆伐法
④母樹保残法

53 □□□

立木の太さを測る測定位置として、最も適切なものを選びなさい。
①地面から30cm
②地面から80cm
③地面から120cm
④地面から200cm

54 □□□

次の写真の測定器具の名称として、正しいものを選びなさい。
①ブルーメライス
②測竿
③輪尺
④直径巻尺

55 □□□

森林の測定方法のうち、「標準地法」の説明として、最も適切なものを選びなさい。
①標準地法は、森林内のすべての木を測定する方法である。
②標準地は、測定者が測りやすい道路沿いを基本とする。
③林分全域の中に、一定面積の区域を選んで標準地とする。
④標準地の選び方は、樹木の成長が平均より悪い所を選ぶ方がよい。

2018年度　第2回（12月8日実施）

日本農業技術検定　3級　試験問題

◎受験にあたっては、試験官の指示に従って下さい。
　指示があるまで、問題用紙をめくらないで下さい。
◎受験者氏名、受験番号、選択科目の記入を忘れないで下さい。
◎問題は全部で50問あります。1～30が農業基礎、31～55が選択科目です。選択科目のうち46～55は、10問のなかから5問を選択して解答して下さい（6問以上解答した場合は、46～55はすべて不正解となります）。
◎選択科目は4科目のなかから1科目だけ選び、解答用紙に選択した科目をマークして下さい。選択科目のマークが未記入の場合には、得点となりません。
　環境系の46～55は造園、農業土木、林業から更に1つ選んで下さい。
　選択科目のマークが未記入の場合には、得点となりません。
◎すべての問題において正答は1つです。1つだけマークして下さい。
　2つ以上マークした場合には、得点となりません。
◎総解答数は、どの選択科目とも50問です。それ以上解答しないで下さい。
◎試験時間は40分です（名前や受験番号の記入時間を除く）。

【選択科目】

解答一覧は、「解答・解説編」（別冊）の6ページにあります。

日付			
点数			

農業基礎

1 □□□

　下の写真は左が開花、右が結実の写真である。この野菜の科名として、最も適切なものを選びなさい。

　　①アブラナ科
　　②ウリ科
　　③マメ科
　　④ナス科

2 □□□

次の作物のうち、無胚乳種子として、最も適切なものを選びなさい。
　　①イネ
　　②トウモロコシ
　　③トマト
　　④ダイズ

3 □□□

果樹の分類について、最も適切な組み合わせのものを選びなさい。
　　　常緑果樹　　　　　　つる性果樹
　①ウンシュウミカン　　キウイフルーツ
　②キウイフルーツ　　　イチジク
　③ウンシュウミカン　　ブルーベリー
　④ブルーベリー　　　　キウイフルーツ

4 □□□

酸性土壌において生育不良となりやすい野菜として、最も適切なものを選びなさい。
　①ホウレンソウ
　②サトイモ
　③スイカ
　④ダイコン

5 □□□

作物の利用について、最も適切なものを選びなさい。
　①トウモロコシは成熟種子のみを食用とし、未成熟種子は食用として利用できない。
　②ダイズの未成熟種子は食用として不適である。
　③ダイズや緑豆はもやしの主原料である。
　④ラッカセイは成熟した乾燥種子を食用とし、未成熟種子での食用はできない。

6 □□□

次のニワトリの品種のうち、卵用種として正しいものを選びなさい。
　①白色レグホーン種
　②白色コーニッシュ種
　③白色プリマスロック種
　④ロードアイランドレッド種

2018年度
第2回

7 　□□□

乳牛の品種とその原産国の組み合わせとして、正しいものを選びなさい。
　　　　　　品種　　　　　　　　　　　　　　原産国
①ホルスタイン・フリージアン種　　　ドイツ・オランダ
②ジャージー種　　　　　　　　　　　アメリカ
③ガンジー種　　　　　　　　　　　　エジプト
④ブラウン・スイス種　　　　　　　　スペイン

8 　□□□

文章中のカッコ内の言葉の組み合わせとして、最も適切なものを選びなさい。

「家畜の糞尿は、（　A　）することで、（　B　）を改良する肥料として重要な資源になる。」

　　A　　　　　　　B
①堆肥化　　　　　作物
②液状化　　　　　ｐＨ
③液状化　　　　　遺伝子
④堆肥化　　　　　土壌

9 　□□□

化成肥料20kg入りの袋に「10－4－6」と記載してあった。この表示内容として正しいものを選びなさい。
　　①１袋中の肥料成分量は、窒素10kg、リン酸４kg、カリ６kgである。
　　②１袋中の肥料成分量は、カリ10kg、リン酸４kg、窒素６kgである。
　　③１袋中の肥料成分量は、窒素10％、リン酸４％、カリ６％である。
　　④１袋中の肥料成分量は、カリ10％、リン酸４％、窒素６％である。

10 　□□□

果実の糖度を上げるための条件として、最も適切なものを選びなさい。
　　①枝を多く残し、樹冠内への日当たりを悪くする。
　　②かん水を多くし、土壌水分を高く保つ。
　　③日当たりを良くし、適度にかん水を行い、光合成を活発にさせる。
　　④窒素肥料を多く施し、枝葉の生育を徒長ぎみにする。

11 ☐☐☐

　作物の病気を予防するための対策について、最も適切なものを選びなさい。
　　①葉を多めに摘み、植物体に薬液がかかりやすいようにする。
　　②かん水を頻繁に行い、植物体の成長を促す。
　　③窒素肥料を多く施し、植物体の成長を促進させる。
　　④過度の窒素施肥を行わず、軟弱徒長を抑える。

12 ☐☐☐

　葉の表面全体が白く粉をまぶしたようになる写真の病害の名前として、最も適切なものを選びなさい。
　　①べと病
　　②灰色かび病
　　③うどんこ病
　　④いちょう病

13 ☐☐☐

　畑地雑草として、最も適切なものを選びなさい。
　　①オモダカ
　　②メヒシバ
　　③タイヌビエ
　　④コナギ

14 ☐☐☐

　害虫の天敵となる昆虫やダニ類などを利用し、害虫を防除する方法は何か、最も適切なものを選びなさい。
　　①化学的防除法
　　②生物的防除法
　　③物理的防除法
　　④耕種的防除法

15 　□□□

この害虫の加害様式として、最も適切なものを選びなさい。
　①食害
　②樹幹内への食入
　③虫こぶの形成
　④吸汁害

16 　□□□

写真の昆虫が捕食する害虫として、最も適切なものを選びなさい。
　①チョウ・ガ類
　②コナジラミ類
　③アブラムシ類
　④ダニ類

17 　□□□

ポジティブリスト制度の説明として、最も適切なものを選びなさい。
　①食品の生産、加工、流通の各段階で生産履歴を確かめることができるよう
　　にするシステム
　②生産者が管理のポイントを整理して適切な農業生産を実施し、農産物の安
　　全性や品質などについて消費者、食品事業者などの信頼を確保する仕組み
　③基準が設定されていない農薬などが一定以上含まれる食品の流通を原則禁
　　止する制度
　④食品の流れを農林水産業から食品製造業・卸売業、食品小売業・外食産業
　　を経て消費者に至る総合的なシステムとしてとらえる考え方

18 □□□

土壌の三相として、最も適切なものを選びなさい。
①生物相 ― 液相 ― 気相
②固相 ― 液相 ― 生物相
③固相 ― 液相 ― 気相
④固相 ― 生物相 ― 気相

19 □□□

次の図は植物がおこなう光合成を模式的にあらわしたものである。(A)に当てはまる用語として、最も適切なものを選びなさい。
①窒素
②リン酸
③カリ
④二酸化炭素

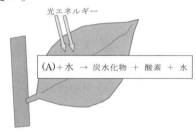

20 □□□

土壌中の酸性が強い（pHが低い）場合、中和するために使用する資材として、最も適切なものを選びなさい。
①牛ふん堆肥
②ピートモス
③リン酸
④炭酸カルシウム（石灰）

21 □□□

塩類集積の説明として、最も適切なものを選びなさい。
①塩類集積とは、土壌の下層土に有機物が蓄積することである。
②塩類集積をおこすと、土を全て入れ替えなければならない。
③塩類集積とは、土に残留した塩類が蓄積されることである。
④塩類集積は、ハウス等の施設よりも露地のほうが発生しやすい。

22 □□□

写真の野菜の種子の科名として、最も適切なものを選びなさい。
　①マメ科
　②ウリ科
　③ナス科
　④アブラナ科

23 □□□

連作障害についての説明として、最も適切なものを選びなさい。
　①土の中の病原体が減少する。
　②アブラムシが増加する。
　③特定養分が欠乏する。
　④根から成長を促進する物質が分泌され、蓄積される。

24 □□□

　野菜類・果実類などの食品加工原料は、酵素の影響で貯蔵・流通時に変質しやすい。酵素はどの栄養素に属するか、最も適切なものを選びなさい。
　①炭水化物
　②タンパク質
　③脂質
　④無機質

25 □□□

　ジャガイモを貯蔵していたら表皮が緑化した。この原因として、最も適切なものを選びなさい。
　①貯蔵中の温度が0℃以下になった。
　②貯蔵期間が3ヶ月以上になった。
　③貯蔵庫内の風通しが悪く、酸素不足になっていた。
　④明るい場所で貯蔵していた。

26 □□□

トマトジュースの記述として、最も適切なものを選びなさい。
　①トマトを破砕し、裏ごししたものを無塩のままで2.5〜3倍に濃縮し、可溶
　　性固形物を24%未満としたもの。
　②裏ごしをしたトマトやピューレーに、食塩や各種の香辛料を加えて濃縮し
　　たもの。
　③トマトを破砕し、裏ごししたものに食塩を0.5%加えて作ったもの。
　④トマトピューレーをさらに濃縮して、可溶性固形物を24%以上とし、食塩
　　を加えたもの。

27 □□□

里山に関する記述として、最も適切なものを選びなさい。
　①暮らしと密接なかかわりをもつ集落周辺の山や森林
　②平地以外に属する農業地域
　③減反などで休耕している農地
　④2年以上耕作せず、将来においても耕作することのない農地

28 □□□

耕作放棄地とは、過去何年以上耕作せず、今後数年の間に再び耕作する考えの
ない農地であるか、最も適切なものを選びなさい。
　①1年
　②5年
　③10年
　④20年

29 □□□

次の説明として、最も適切なものを選びなさい。

「スーパーの総菜やコンビニエンスストアの弁当、あるいは宅配のピザなどを
自宅で食べること」

　①食育
　②内食
　③中食
　④外食

30 □□□

農水産物が最終的に消費されるまでの流れを何というか。最も適切なものを選びなさい。

①フードシステム
②トレーサビリティ
③地産地消
④ＧＡＰ

選択科目（栽培系）

31 □□□

イネのたねもみの構造のうち、胚として、最も適切なものを選びなさい。

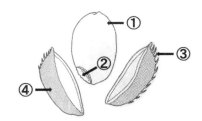

32 □□□

田植え後の活着がよく、成長の良い苗の診断として、最も適切なものを選びなさい。
①移植法にかかわらず、苗が大きいもの。
②葉齢は、第1葉が出ていれば良い。
③病害虫におかされていなければ、苗全体の成長はそろっていなくても良い。
④風乾重が大きく、乾物率や充実度が高いことが重要である。

33 □□□

トウモロコシの間引きと補植の説明として、最も適切なものを選びなさい。
①欠株になってしまったところに補植する場合は、たねをまき直すことが望ましい。
②複数発芽があっても強く丈夫に成長するので、間引きを行う必要がない。
③3〜4葉期に良い苗を1本だけ残し、他は土中の茎頂より下で切断するか、ちぎって間引く。
④間引きはできるだけ大きく成長してから行い、根ごと引き抜かなければならない。

34 □□□

ジャガイモの可食部として、最も適切なものを選びなさい。
　①根
　②種子
　③葉
　④茎

35 □□□

サツマイモの科名として、最も適切なものを選びなさい。
　①ナス科
　②サトイモ科
　③ウリ科
　④ヒルガオ科

36 □□□

土壌の乾燥が激しい時に発生しやすいトマトの生理障害として、最も適切なものを選びなさい。
　①しり腐れ果
　②空洞果
　③裂果
　④乱形果

37 □□□

次のキュウリの病気として、最も適切なものを選びなさい。
　①べと病
　②炭そ病
　③つる枯れ病
　④うどんこ病

2018年度
第2回

38 ☐☐☐

写真の害虫が被害を与える植物の種類として、最も適切なものを選びなさい。
　①ナス科
　②アブラナ科
　③ウリ科
　④イネ科

39 ☐☐☐

ウイルス感染に関係するアブラムシの器官として、最も適切なものを選びなさい。
　①脚
　②触覚
　③口器
　④尾片

40 ☐☐☐

キュウリのつぎ木の目的として、最も適切なものを選びなさい。
　①つる割れ病やブルームの発生を防ぐため。
　②炭そ病の発生を防ぐため。
　③青枯れ病の発生を防ぐため。
　④害虫の発生を防ぐため。

41 ☐☐☐

次の草花のうち球根類に分類されるものとして、最も適切なものを選びなさい。
　①マリーゴールド
　②カーネーション
　③ダリア
　④ハボタン

42 □□□

耐寒性がある草花として、最も適切なものを選びなさい。
①サルビア
②パンジー
③ベゴニアセンパフローレンス
④アサガオ

43 □□□

園芸生産において、主にさし木で殖やす花きとして、最も適切なものを選びなさい。
①マリーゴールド
②チューリップ
③アジサイ（ハイドランジア）
④シクラメン

44 □□□

次の花きのうち、四季咲きの性質を持つものとして、最も適切なものを選びなさい。
①ハボタン
②チューリップ
③カーネーション
④ユリ

45 □□□

単為結果性をもつ作物の組み合わせとして、最も適切なものを選びなさい。
①キュウリ － ウンシュウミカン
②イチゴ － ブルーベリー
③トウモロコシ － クリ
④トマト － バナナ

（重要！）設問46〜55は、10問のうち5問を選択して解答して下さい。
6問以上解答した場合は、設問46〜55はすべて不正解となります。

（栽培系）

46 □□□

写真の果樹の分類として、最も適切なものを選びなさい。
①常緑果樹
②落葉果樹
③つる性果樹
④熱帯果樹

47 □□□

果樹の苗木生産における実生（み しょう）繁殖法とは何か、最も適切なものを選びなさい。
①接ぎ木による繁殖法
②ウイルスフリー苗の利用法
③種子から繁殖させる方法
④挿し木による繁殖法

48 □□□

平成29年（2017年）産の日本ナシの都道府県別収穫量の全国順位として、最も
適切なものを選びなさい。

	1位	2位
①	青森県	鳥取県
②	千葉県	茨城県
③	鳥取県	和歌山県
④	千葉県	青森県

49 ☐☐☐

写真の砕土（さいど）をするための農業機械の名称として、最も適切なものを選びなさい。
　①ロータリ
　②すき
　③プラウ
　④ディスクハロー

50 ☐☐☐

　作物の生育にとって必要不可欠な養分（必須元素）のうち、微量元素に区別されるものとして、最も適切なものを選びなさい。
　①窒素（N）
　②リン（P）
　③ホウ素（B）
　④カルシウム（Ｃａ）

51 ☐☐☐

　雑種第1代（F_1、ハイブリッド）品種の一般的特性として、最も適切なものを選びなさい。
　①両親よりも生育が悪く、収量や品質も劣る。
　②両親よりも生育が旺盛で、収量や品質も良い。
　③雑種第一代で実った種子は、次年度以降も同じものが生産できる。
　④両親と比べても生育、収量、品質に変化がないので利用価値は少ない。

52 ☐☐☐

種子の保存条件として、最も適切なものを選びなさい。
　①高温・高湿
　②低温・高湿
　③高温・低湿
　④低温・低湿

53 □□□

明発芽（好光性）種子として、最も適切なものを選びなさい。
①ニンジン
②トマト
③ダイコン
④ナス

54 □□□

ダイズの開花数が200、結きょう数が80だったときの結きょう率として、正しいものを選びなさい。
①90％
②70％
③56％
④40％

55 □□□

次の写真は果樹類のつぎ木の様子を示したものである。矢印部分の名称として、最も適切なものを選びなさい。
①台木
②穂木
③徒長枝
④発育枝

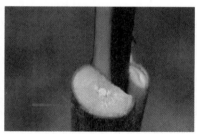

選択科目（畜産系）

□□□

　図はニワトリの消化器官を表している。哺乳類にはない器官の名称と場所の正しい組み合わせを選びなさい。

	A	B	C
①	筋胃	線胃	盲腸
②	腺胃	筋胃	盲腸
③	食道	線胃	筋胃
④	食道	線胃	十二指腸

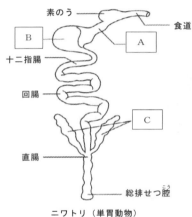

ニワトリ（単胃動物）

32 □□□

　産卵鶏の卵管の並び順として、最も適切なものを選びなさい。

①卵巣　→　漏斗部　→　膨大部　→　峡部　　　→　子宮部　→　腟部
②卵巣　→　漏斗部　→　峡部　　→　膨大部　→　腟部　　→　子宮部
③卵巣　→　膨大部　→　漏斗部　→　峡部　　　→　子宮部　→　腟部
④卵巣　→　膨大部　→　峡部　　→　漏斗部　→　腟部　　→　子宮部

33 □□□

　検卵の説明として、最も適切なものを選びなさい。
　①ふ卵中、種卵の温度を測定すること。
　②ふ卵中、種卵の細菌数が増殖していないか検査すること。
　③ふ卵中、暗所で卵に光を当てて胚の発育状況を調べること。
　④ふ卵中、卵殻膜と胚のゆ着を防ぐ等の理由で卵を動かすこと。

34 □□□

鶏卵のうち、ふ化時にヒナとなる部位として、最も適切なものを選びなさい。
　①卵黄
　②カラザ
　③胚
　④卵白

35 □□□

ブロイラーの説明として、最も適切なものを選びなさい。
　①採卵鶏のうち、廃鶏となったものを一定期間肥育して作られる。
　②名古屋種やシャモを交配して利用する。
　③ニワトリの品種に関係なく、6か月以上肥育したものをいう。
　④白色プリマスロック種等の雑種が利用されている。

36 □□□

ニワトリが感染する病気として、最も適切なものを選びなさい。
　①ニューカッスル病
　②ケトーシス
　③オーエスキー病
　④口蹄疫

37 □□□

英国の在来種から改良された写真のブタの品種として、最も適切なものを次の中から選びなさい。
　①バークシャー種
　②ランドレース種
　③デュロック種
　④大ヨークシャー種

38 □□□

デンマーク式豚舎の説明として、最も適切なものを選びなさい。
　①寝る場所と排ふんする場所が区別してあり、清掃がしやすい。
　②おが粉を床に敷きつめることで、糞尿処理の労力を減らしている。
　③舎内環境を保つために窓がなく、空気の出入りを制限してファンによりコントロールしている。
　④ファンの設置やカーテンの開放によって通風し、環境をコントロールする。

39 □□□

次の図はブタの雌の生殖器である。（A）～（C）の名称の組み合わせとして、正しいものを選びなさい。

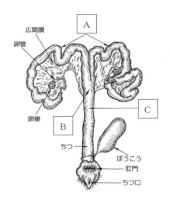

	A	B	C
①	子宮角	子宮体	子宮頸
②	子宮体	子宮頸	子宮角
③	子宮角	子宮頸	子宮体
④	子宮体	子宮角	子宮頸

40 □□□

ブタの妊娠と分娩について、最も適切なものを選びなさい。
　①ブタは産子数が多いため、2頭ずつ娩出される。
　②妊娠期間は150日くらいで、個体により若干異なる。
　③分娩の最後には、胎盤である後産が排出される。
　④一般的に、出産予定の1か月前には分娩房に入れて準備する。

41 □□□

ウシの第1胃から第4胃のうち、最も容積が大きい器官として適切なものを選びなさい。
　①第1胃
　②第2胃
　③第3胃
　④第4胃

42 □□□

次の施設の名称として、最も適切なものを選びなさい。
①タワーサイロ
②トレンチサイロ
③バンカーサイロ
④スタックサイロ

43 □□□

和牛の名称と主産地の組み合わせとして、最も適切なものを選びなさい。
①無角和種 ―― 山口県
②褐毛和種 ―― 東北3県
③日本短角種 ―― 熊本県、高知県
④黒毛和種 ―― 熊本県、高知県

44 □□□

乳排出に関係するホルモンで、次の説明に対する名称として、最も適切なものを選びなさい。

「ウシを突然驚かせたり、不快感、不安感を与えると副腎髄質から分泌され、乳排出をやめる。」

①アドレナリン
②プロゲステロン
③エストロゲン
④オキシトシン

45 □□□

ウシの妊娠を確認する方法のうち、次の方法は何というか、最も適切なものを選びなさい。

「受精後、次の発情予定日を観察して、再発情がなければ妊娠とみなす」

　①胎盤スリップ法
　②ノンリターン法
　③超音波診断法
　④直腸法

（重要！）設問46〜55は、10問のうち5問を選択して解答して下さい。

6問以上解答した場合は、設問46〜55はすべて不正解となります。

（畜産系）

46 □□□

カウトレーナーの説明として、最も適切なものを選びなさい。
　①個体の頸部を抜けない程度にはさむ器具のこと。
　②追い運動させる時に使用するムチのこと。
　③自動で搾乳する機械のこと。
　④牛床に設置してある、排ふん・排尿姿勢を整える器具のこと。電気が流れている。

47 □□□

次の器具の名称として、適切なものを選びなさい。
　①ティートディップビン
　②ストリップカップ
　③ミルクサンプラー
　④ストローカッター

- 212 -

48 □□□

写真中の矢印が示す部位の名称として、最も適切なものを選びなさい。
①寛
②繋
③き甲
④飛節

49 □□□

ウシの乳房炎の主な原因として、最も適切なものを選びなさい。
①分娩後に濃厚飼料の給与量が多いことや、体力低下が原因。
②乳房の損傷、牛舎の衛生環境の不備、空しぼりなどが原因。
③カンテツが胆管に寄生し、炎症を起こすことが原因。
④胎子の性分化において、雄性が雌性よりやや早く起きることが原因。

50 □□□

写真の機械の名称として、最も適切なものを選びなさい。
①ロールベーラ
②ヘイテッダ
③ヘイレーキ
④モーアコンディショナ

51 □□□

ウシの食性に関する記述として、最も適切なものを選びなさい。
①上あごには鋭い前歯が発達している。
②反すう胃内にいる微生物の働きで、繊維質飼料を利用できる。
③ヒトと同じ単胃動物である。
④雑食性で、濃厚飼料や穀類を中心に給餌する。

52 □□□

　次の写真は、家畜飼料給与用にトウモロコシを加熱圧ぺん処理したものである。飼料の分類として、最も適切な組み合わせを選びなさい。

①混合飼料 　— 　粗飼料
②配合飼料 　— 　濃厚飼料
③単味飼料 　— 　濃厚飼料
④単味飼料 　— 　特殊飼料

53 □□□

　畜産排せつ物の汚水処理法として、最も一般的に利用されているものを選びなさい。

①生物膜法
②酸化池法
③活性汚泥法
④開放型撹拌装置

54 □□□

　写真のひなの名称として、最も適切なものを選びなさい。

①初生びな
②小びな
③中びな
④大びな

均質化処理をしていない牛乳の呼び方として、最も適切なものを選びなさい。
　①ノンホモ牛乳
　②普通牛乳
　③ロングライフ牛乳
　④低温殺菌牛乳

選択科目（食品系）

31 □□□

下記の文の（A）、（B）にあてはまる語句の組み合わせとして、最も適切なものを選びなさい。

「食品製造とは、収穫された農産物・畜産物・水産物をさまざまな手法により（　A　）して消費者へ供給し、それが消費されるまでの過程を（　B　）することである。」

```
     A        B
①包装  －  認識
②加工  －  管理
③分析  －  調査
④選別  －  記録
```

32 □□□

食品素材を加工し、そのままでは利用できないものを消費者が利用しやすい形に加工し、利便性の向上を目的としたものとして、最も適切なものを選びなさい。
　①精米・製粉
　②菓子・清涼飲料
　③栄養補助食品
　④乾物・塩漬け

33 □□□

食品衛生法の目的として、最も適切なものを選びなさい。
　①国民の健康増進の総合的な推進に関して、基本的な事項を定めている。
　②商品及び役務の取引に関する不当な景品類及び表示による顧客の誘引を防止する。
　③医薬品・医薬部外品・化粧品及び医療機器の品質、有効性及び安全性の確保のために必要な規制を行う。
　④食品の安全性の確保のために公衆衛生の見地から必要な規制を講ずる。

34 □□□

炭水化物のうち、単糖が2個結合しているものが二糖類である。このうち、ブドウ糖が2個結合している糖の名称として、正しいものを選びなさい。
①ショ糖
②麦芽糖
③乳糖
④グリコーゲン

35 □□□

製パンにおける砂糖の役割について、最も適切なものを選びなさい。
①酵母の栄養源になって糖化を盛んにする。
②生地の粘弾性をおさえ、安定性を与える。
③パンに柔軟な材質感を与え、デンプンの老化を遅らせる。
④パンの水分蒸発を防ぎ、保存性を高める。

36 □□□

糖蔵食品として、最も適切なものを選びなさい。
①納豆
②塩辛
③マロングラッセ
④かつお節

37 □□□

米が古くなると米粒中のある成分が分解して古米臭を発し、食味も低下する。古米臭の原因となる成分として、最も適切なものを選びなさい。
①炭水化物
②ビタミン
③タンパク質
④脂質

38 □□□

1gあたり約9 kcal のエネルギーをもち、水に溶けない栄養素として、最も適切なものを選びなさい。
①炭水化物
②脂質
③タンパク質
④ビタミン

39 □□□

健康障害につながる、食品添加物の誤用・乱用、化学物質の混入、食中毒菌の付着、異物の混入などの要因が主に想定される過程として、最も適切なものを選びなさい。
① 生産・生育過程
② 加工・製造過程
③ 貯蔵・流通過程
④ 容器・包装過程

40 □□□

下記の文の（A）、（B）にあてはまる語句の組み合わせとして、最も適切なものを選びなさい。

「食品を貯蔵するためには、食品の（　A　）の原因を知り、その原因を除く必要がある。さらに適切な貯蔵法を採用するにしても、そこには、食品ごとの特性や一定の（　B　）が存在する。」

　　　A　　　　　B
① 蒸発　－　認識
② 凍結　－　管理
③ 組立　－　調査
④ 変質　－　保存期間

41 □□□

トマトケチャップ製造時、原料の皮をむきやすくし、含まれる酵素を失活させるための処理として、最も適切なものを選びなさい。
① ブランチング
② 破砕・裏ごし
③ 濃縮・調合
④ 充てん・殺菌

42 □□□

果実類の特徴として、最も適切なものを選びなさい。
① 果実の緑色色素は、主にカロテノイドやアントシアンである。
② 果実の味覚は、糖酸比によって大きく左右される。
③ 成熟した果実の糖類としては、果糖・グリコーゲンが主体である。
④ 果実中の主な有機酸は、一般にクエン酸・酪酸である。

43 □□□

　ジャム類を製造する場合、原料をゼリー化する必要がある。ゼリー化に直接関わるものはどれか、次の中から選びなさい。
　　①原料に含まれるリノール酸やリノレン酸などの不飽和脂肪酸
　　②原料に含まれる多糖類の一種であるペクチン
　　③原料に含まれるカルシウムや鉄などの無機質
　　④原料に含まれるパントテン酸や葉酸などの水溶性ビタミン類

44 □□□

　ミカン缶詰の製造に関する記述として、最も適切なものを選びなさい。
　　①原料のミカンは、未熟で果肉が良くしまったものを選ぶ。
　　②ミカンは、氷を入れた冷水に1時間程浸けて、皮を柔らかくしてから剝ぐ。
　　③じょうのうを酢酸液、ついで水酸化カリウム液に浸け、じょうのう膜を溶かす。
　　④缶内に酸素が残存すると、色素やビタミンCを破壊して品質を低下させる。

45 □□□

　まんじゅうには多くの種類があるが、すりおろした山芋の粘りを利用して米粉を練り上げ、その生地であんを包み、蒸し上げたものの名称として、最も適切なものを選びなさい。
　　①小麦まんじゅう
　　② 薯蕷まんじゅう
　　③酒まんじゅう
　　④芋まんじゅう

（重要！）設問46～55は、10問のうち5問を選択して解答して下さい。

6問以上解答した場合は、設問46～55はすべて不正解となります。

（食品系）

46 □□□

米・麦・トウモロコシの脱穀・乾燥後の原穀に最も多い成分として、最も適切なものを選びなさい。
①炭水化物
②脂質
③タンパク質
④水分

47 □□□

木綿豆腐の製造において、浸漬したダイズに水を加えながらミキサーで摩砕してできたものの名称として、最も適切なものを選びなさい。
①呉
②豆乳
③おから
④ゆば

48 □□□

外食産業での省力化や調理の簡便化を目的に、生産が増加している野菜の加工品の名称として、最も適切なものを選びなさい。
①冷凍野菜
②乾燥野菜
③カット野菜
④漬物

49 □□□

　牛乳中のタンパク質はいろいろな条件で凝固する。ヨーグルト製造に係る条件
として、最も適切なものを選びなさい。
　　①アルコール
　　②酸
　　③熱
　　④酵素

50 □□□

　下記の文の（A）、（B）にあてはまる語句の組み合わせとして、最も適切なも
のを選びなさい。

　「微生物は原料成分を栄養源として、適当な生育条件が整うと増殖を始め、さ
　まざまな（　A　）を生産し、原料に含まれるデンプンやタンパク質を分解し
　たり、分解物の（　B　）や変換などを行う。」

　　　　　A　　　　　B
　　①細胞　－　生産
　　②胞子　－　分裂
　　③菌糸　－　連携
　　④酵素　－　代謝

51 □□□

　日本で流通している乳および乳製品について、その種類・成分規格、表示・製
造・保存方法などを規定しているものは何か、正しいものを選びなさい。
　　①ＪＡＳ法
　　②食品衛生法
　　③乳等省令
　　④保健機能食品制度

52 □□□

　市販の牛乳の多くは、加工時「均質機」で、目的の成分を細分し、均等な分布
状態を作り出す。この目的の成分を選びなさい。
　　①炭水化物
　　②タンパク質
　　③脂質
　　④無機質

53 □□□

日本で作られるベーコンに一番多く用いられている豚肉の部位として、最も適切なものを選びなさい。
　　①ロース
　　②ヒレ
　　③かた
　　④バラ

54 □□□

畜肉加工品の肉色は、硝酸塩や亜硝酸塩などの添加で赤色に変わるが、この色の主因となる物質として、最も適切なものを選びなさい。
　　①メトミオグロビン
　　②オキシミオグロビン
　　③ニトロソミオグロビン
　　④ミオグロビン

55 □□□

下記の文の（A）、（B）にあてはまる語句の組み合わせとして、最も適切なものを選びなさい。

「食品工場では、複数の作業者が協力し、高品質で安価な商品を、安全に大量生産することが求められる。その実現のために、個々の作業の方法・（　A　）・条件などをわかりやすく書き出し、作業者が整然と（　B　）できるしくみを作ることが必要である。」

　　　　 A　　　　　B
　①危害　－　検査
　②動向　－　包装
　③管理　－　充てん
　④手順　－　行動

選択科目（環境系）

31 □□□

我が国の「森林面積」についての説明として、最も適切なものを選びなさい。
   ①現在の我が国の森林面積は、約2,500万 ha である。
   ②現在の我が国の森林面積のうち、人工林が約70％を占めている。
   ③約50年前に比べて我が国の森林面積は、大幅に増加している。
   ④我が国の国土の約１／２（50％）が森林である。

32 □□□

次の（　）に入る語句として、最も適切なものを選びなさい。

「透視図は、描こうとする対象物と水平線の位置や（　　）の設定により平行透視図、有角透視図などに分けられる。」

   ①垂線
   ②消点
   ③基線
   ④終点

33 □□□

樹木調査で胸高直径が0.5mであったこの樹木の外周の長さとして、最も適切なものを選びなさい。
   ①1.57m
   ②2.57m
   ③3.07m
   ④3.14m

34 ☐☐☐

写真の平板測量に用いる道具名として、最も適切なものを選びなさい。

　　①磁針箱
　　②測量箱
　　③求心器
　　④側針器

35 ☐☐☐

二点A・Bの距離を四人の異なる人が測定し、次のそれぞれの結果をえた。AB間の距離の最確値として、最も適切なものを選びなさい。

　35.12m　　　35.13m　　　35.15m　　　35.16m

　　①35.11m
　　②35.12m
　　③35.13m
　　④35.14m

36 ☐☐☐

水準測量に用いる際に標高の基準となり、国道や県道に沿い1km～2kmごとに配置されている点として、最も適切なものを選びなさい。
　　①日本水準原点
　　②測点
　　③中間点
　　④水準点

37 ☐☐☐

次の水準測量の機器の説明として、最も適切なものを選びなさい。

「レベル本体が完全に水平でなくても、視準線を水平に保つことができる。」

　　①ハンドレベル
　　②チルチングレベル
　　③オートレベル
　　④電子レベル

38 □□□

　平板の標定のうち次の記述に該当するものとして、最も適切なものを選びなさい。

　「平板上の測線方向と地上の測線方向を一致させること」

　　①致心
　　②踏査
　　③整準
　　④定位

39 □□□

　平板測量の方法において、1か所に平板をすえつけ、方向と距離を測って地形や地物を図上に展開する方法として、最も適切なものを選びなさい。
　　①道線法
　　②放射法
　　③オフセット法
　　④交会法

40 □□□

　製図に用いる線の種類のうち「寸法線」はどの種類の線を使うか、最も適切なものを選びなさい。
　　①太い実線
　　②細い実線
　　③細い破線
　　④細い一点鎖線

41 □□□

　平板を水平にするために用いる器具として、最も適切なものを選びなさい。
　　①アリダード
　　②下げ振り
　　③求心器
　　④ポール

42 □□□

図の断面記号は何を表しているか、最も適切なものを選びなさい。
①水
②砂・モルタル
③地盤
④割りぐり

43 □□□

次のうち、落葉樹と常緑樹の組み合わせとして、最も適切なものを選びなさい。

（落葉樹）	（常緑樹）
①カラマツ	アカマツ
②コナラ	イチョウ
③ヒノキ	トドマツ
④スギ	クヌギ

44 □□□

森林の公益的機能の発揮に資する保安林の種類のうち、次の機能を果たす保安林の名称として、最も適切なものを選びなさい。

「河川への流量調整機能を安定化し、洪水、渇水を緩和したり、各種用水の確保をする。」

①土砂流失防備保安林
②なだれ防止保安林
③暴風保安林
④水源かん養保安林

45 □□□

森林の所有形態に関する次の記述の名称として、正しいものを選びなさい。

「林野庁が所管しており、日本の森林面積の約3割を占める。」

①私有林
②民有林
③国有林
④県有林

選択科目
（環境系）（造園）

※環境系の選択者は、造園、農業土木、林業のうち1分野を、選択して下さい（複数分野を選択すると不正解となります）。

（重要！）設問46〜55は、10問のうち5問を選択して解答して下さい。

6問以上解答した場合は、設問46〜55はすべて不正解となります。

（造園）

46 □□□

病気と樹木の関係で、最も適切なものを選びなさい。
- ①赤星病　　　−　　サクラ
- ②てんぐす病　−　　サクラ
- ③赤星病　　　−　　ツバキ
- ④てんぐす病　−　　ツバキ

47 □□□

次の樹木のうちで生垣に多く用いられているものはどれか、最も適切なものを選びなさい。
- ①ドウダンツツジ
- ②イチョウ
- ③ハナミズキ
- ④クロマツ

48 □□□

平面測量の整準ねじの回し方で、気泡を右の方向に移動する方法として、最も適切なものを選びなさい。
　　①ＡＢともに内側に回す。
　　②ＡＢともに外側に回す。
　　③Ａだけ外側に回す。
　　④Ｂだけ外側に回す。

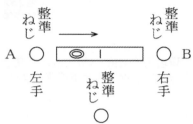

49 □□□

次の公園で誘致距離が250mのものについて、最も適切なものを選びなさい。
　　①幼児公園
　　②街区公園
　　③近隣公園
　　④地区公園

50 □□□

製図に用いる尺度で、実物より小さい寸法で描くものとして、最も適切なものを選びなさい。
　　①寸尺
　　②現尺
　　③倍尺
　　④縮尺

51 □□□

茶庭の別な名称について、最も適切なものを選びなさい。
　　①六義園
　　②露地
　　③後楽園
　　④緑地

52 □□□

アメリカのニューヨーク市にあるセントラルパークの作られた年代として、最も適切なものを選びなさい。
　　①1658年
　　②1758年
　　③1858年
　　④1958年

53 □□□

四ツ目垣の平面図で矢印の名称について、最も適切なものを選びなさい。
　　①立て子（たてこ）
　　②胴縁（どうぶち）
　　③間柱（まばしら）
　　④親柱（おやばしら）

54 □□□

透視図を描くとき矢印の名称について、最も適切なものを選びなさい。
　　①水平線
　　②平行線
　　③水準線
　　④基準線

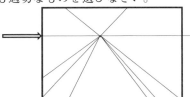

55 ☐☐☐

次の石灯籠（とうろう）の部位の名称として、最も適切なものを選びなさい。
　①笠（かさ）
　②火袋（ひぶくろ）
　③竿（さお）
　④基礎（きそ）

選択科目
（環境系）（農業土木）

※環境系の選択者は、造園、農業土木、林業のうち１分野を、選択して下さい（複数分野を選択すると不正解となります）。

（重要！）設問46〜55は、10問のうち５問を選択して解答して下さい。

６問以上解答した場合は、設問46〜55はすべて不正解となります。

（農業土木）

46 □□□

土地改良法の「不良土層排除」についての説明として、最も適切なものを選びなさい。
- ①漏水の激しい水田において、転圧により土の間隙を小さくして、浸透を抑制する工法
- ②作物の根の伸長や下方からの水分や養分の供給を全く許さない土層など、作物の生産に障害となる土層を対象として、他の場所に集積したり、作土層下に深く埋め込む工法
- ③他の場所からほ場へ土壌を運搬して、農地土層の理化学的性質を改良する工法
- ④ほ場の心土に通気性や透水性が著しく劣る土層を持つ場合に、この土層を破砕し膨軟にして、透水性と保水性を高める工法

47 □□□

土地改良工法で、作土が理化学性の劣る土壌で、下層度に肥沃な土層がある場合などに、耕起、混和、反転などを行って、作土の改良を図る工法として、最も適切なものを選びなさい。
- ①心土破壊
- ②混層耕
- ③床締め
- ④不良土層排除

48 □□□

　ミティゲーションの原則と事例の組み合わせとして、最も適切なものを選びなさい。
　　①代償　　　……多様な生物が生息する湿地を工事区域外に設置する。
　　②最小化　　……魚が遡上できる落差工を設置する。
　　③軽減/除去……自然石等による護岸水路を実施する。
　　④回避　　　……動植物を一時移植・移動する。

49 □□□

　湧水など環境条件がよく繁殖も行われているような生態系拠点は、現況のまま
保全するミティゲーションの事例として、最も適切なものはどれか。
　　①最小化
　　②軽減/除去
　　③回避
　　④修正

50 □□□

　高さ0.5m幅2.0mの長方形断面の梁に1000Nの力が作用しているときの、D点
の断面に生じるせん断応力として、正しいものを選びなさい。
　　①200Pa
　　②800Pa
　　③－200Pa
　　④－800Pa

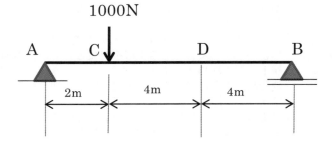

51 □□□

　管水路を流量0.02㎥/sの水が流速0.4m/sで充満して流れているときの断面
積として、正しいものを選びなさい。
　　①0.008㎡
　　②0.05㎡
　　③8㎡
　　④20㎡

52 □□□

土粒子の種類による粒径の大きさとして、正しいものを選びなさい。
①粘土　＜　砂　　　＜　シルト
②砂　　＜　シルト　＜　礫
③粘土　＜　シルト　＜　砂
④礫　　＜　粘土　　　＜　シルト

53 □□□

力のつり合いの説明について、正しいものを選びなさい。
①２力の向きは同じ、２力の大きさは同じ、２力は同一直線上に働く。
②２力の向きは同じ、２力の大きさは同じ、２力は平行に働く。
③２力の向きは反対、２力の大きさは同じ、２力は平行に働く。
④２力の向きは反対、２力の大きさは同じ、２力は同一直線上に働く。

54 □□□

机に置いた物体が静止しているとき、物体が机を押す力と机が物体を押し返す
力が発生する。この力の関係として、正しいものを選びなさい。
①力の合成
②パスカルの原理
③ベルヌーイの定理
④作用・反作用の法則

55 □□□

静水圧の説明について、最も適切なものを選びなさい。
①固い棒状のもので、大きなものを少ない力で動かすことができる。または、
　小さな運動を大きな運動に変える。
②深さ・密度・重力加速度の積に等しい。
③流体の速度が増加すると圧力が下がる。
④流速・流水断面の積に等しい。

※環境系の選択者は、造園、農業土木、林業のうち１分野を、選択して下さい（複数分野を選択すると不正解となります）。

（重要！）設問46〜55は、10問のうち５問を選択して解答して下さい。

６問以上解答した場合は、設問46〜55はすべて不正解となります。

（林業）

46 □□□

我が国の森林の状況についての説明として、最も適切なものを選びなさい。
　①約50年前に比べて、国産材の市場価格は低下した。
　②約50年前に比べて、国産材の自給率は上昇した。
　③スギ、ヒノキなどの人工林は、戦前から植栽されたものが大部分を占める。
　④木材輸入の自由化はまだされていない。

47 □□□

森林の公益的機能のうち「水源かん養機能」の説明として、最も適切なものを選びなさい。
　①大気中の二酸化炭素を吸収・固定する。
　②水質を浄化する。
　③水辺の環境が整備される。
　④雨を土壌に貯える。

48 □□□

気候による植生の違いに関する次の記述に該当するものとして、最も適切なものを選びなさい。

「南北に長い日本列島では、気温によって森林が変化する」

①水平分布
②垂直分布
③一次遷移
④二次遷移

49 □□□

「自然林」の説明として、最も適切なものを選びなさい。
①自然に親しむために植栽された森林
②植林や伐採を繰り返し、木材を生産するための森林
③人間活動の影響をほとんど受けない森林
④自然保護活動のため整備された森林

50 □□□

森林の更新と保育の作業順序として、最も適切なものを選びなさい。
①地ごしらえ　→　植え付け　→　下刈り　→　除伐
②除伐　　　　→　植え付け　→　下刈り　→　地ごしらえ
③地ごしらえ　→　下刈り　　→　植え付け　→　除伐
④植え付け　　→　下刈り　　→　地ごしらえ　→　除伐

51 □□□

「間伐」の効用として、最も適切なものを選びなさい。
①林木間の競争を緩和し樹木の成長を促す
②無節の材を生産する
③雑草木を除去する
④林分内の樹木を全て伐採し、森林を更新する

52 □□□

次の図の「高性能林業機械」の名称とこの機械を使用した作業の組み合わせとして、正しいものを選びなさい。

① フォワーダ　　　　－　　集材
② タワーヤーダ　　　－　　造材
③ プロセッサ　　　　－　　造材
④ ハーベスタ　　　　－　　集材

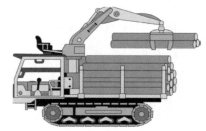

53 □□□

傾斜地における伐採方向として、無難な方向は傾斜に向かってどの方向か、最も適切なものを選びなさい。

① 上向き
② 下向き
③ 斜め上向き
④ 横向き

54 □□□

次の写真の測定器具の名称と測定部位の組み合わせとして、正しいものを選びなさい。

① 測竿(そっかん)　　　　　－　　樹高
② ブルーメライス　　　－　　樹高
③ 測竿(そっかん)　　　　　－　　胸高直径
④ ブルーメライス　　　－　　胸高直径

55 □□□

木材（丸太）の材積測定方法のうち「末口自乗法（末口二乗法）」の説明として、最も適切なものを選びなさい。

① 中央断面積に丸太の長さをかけて求める。
② 末口直径の二乗に丸太の長さをかけて求める。
③ 末口面積を2倍にして丸太の長さをかけて求める。
④ 末口直径を2倍にして丸太の長さをかけて求める。

編集協力

荒畑　直希

金井　誠治

高橋　和彦

中込　俊二

橋本　夏奈

笛木　元之

安永　福太郎　他

2021年版
日本農業技術検定
過去問題集　3級

令和3年4月　発行

定価：本体1,100円（本体1,000円＋税10％）
送料別

編　　日本農業技術検定協会
　　　事務局　一般社団法人　全国農業会議所
発行　　一般社団法人　全国農業会議所
　　　全国農業委員会ネットワーク機構

〒102-0084　東京都千代田区二番町9-8
中央労働基準協会ビル
TEL　03(6910)1131

全国農業図書コード番号　R03-01

2021年版
日本農業技術検定
過去問題集　3級

解答・解説編

2020年度
第2回

2019年度
第1回

2019年度
第2回

2018年度
第1回

2018年度
第2回

2020年度 第2回 日本農業技術検定3級 解答一覧

共通問題 ［農業基礎］

設問	解答	設問	解答	設問	解答
1	③	11	③	21	③
2	①	12	①	22	②
3	④	13	③	23	④
4	②	14	④	24	③
5	③	15	③	25	①
6	③	16	①	26	①
7	①	17	②	27	③
8	②	18	①	28	④
9	④	19	④	29	②
10	④	20	②	30	②

選択科目

［栽培系］ 設問	解答	［畜産系］ 設問	解答	［食品系］ 設問	解答	［環境系］ 設問	解答
31	①	31	②	31	③	31	③
32	③	32	④	32	②	32	③
33	①	33	①	33	③	33	②
34	①	34	②	34	①	34	④
35	②	35	③	35	②	35	②
36	①	36	②	36	④	36	④
37	④	37	①	37	③	37	①
38	②	38	④	38	②	38	④
39	①	39	③	39	③	39	①
40	④	40	④	40	④	40	③

						［造園］	［農業土木］	［林業］
41	①	41	②	41	②	41 ④	41 ①	41 ①
42	②	42	④	42	④	42 ③	42 ②	42 ①
43	③	43	③	43	④	43 ②	43 ④	43 ②
44	④	44	③	44	①	44 ②	44 ③	44 ④
45	④	45	①	45	②	45 ④	45 ③	45 ③
46	③	46	④	46	①	46 ①	46 ②	46 ④
47	②	47	④	47	②	47 ③	47 ①	47 ①
48	④	48	②	48	④	48 ④	48 ④	48 ③
49	③	49	①	49	②	49 ②	49 ②	49 ②
50	③	50	③	50	③	50 ①	50 ④	50 ④

2019年度 第1回 日本農業技術検定3級 解答一覧

共通問題　[農業基礎]

設問	解答	設問	解答	設問	解答
1	①	11	①	21	④
2	④	12	③	22	②
3	①	13	③	23	②
4	③	14	②	24	③
5	③	15	①	25	①
6	①	16	②	26	①
7	④	17	②	27	①
8	③	18	④	28	③
9	①	19	②	29	①
10	④	20	④	30	②

選択科目

[栽培系]		[畜産系]		[食品系]		[環境系]	
設問	解答	設問	解答	設問	解答	設問	解答
31	①	31	③	31	②	31	①
32	②	32	②	32	①	32	④
33	②	33	④	33	③	33	④
34	③	34	③	34	①	34	①
35	①	35	②	35	④	35	①
36	④	36	①	36	①	36	④
37	②	37	②	37	③	37	②
38	③	38	①	38	④	38	④
39	③	39	③	39	④	39	④
40	①	40	③	40	④	40	②

						[造園]		[農業土木]		[林業]	
41	②	41	③	41	①	41	①	41	①	41	④
42	②	42	④	42	④	42	④	42	③	42	④
43	②	43	①	43	③	43	④	43	①	43	①
44	③	44	④	44	①	44	②	44	④	44	①
45	②	45	①	45	④	45	①	45	③	45	②
46	①	46	②	46	④	46	④	46	②	46	①
47	④	47	②	47	④	47	②	47	④	47	③
48	④	48	①	48	③	48	①	48	③	48	①
49	②	49	③	49	②	49	②	49	④	49	④
50	④	50	②	50	④	50	③	50	③	50	③

2019年度 第2回 日本農業技術検定3級 解答一覧

共通問題　［農業基礎］

設問	解答	設問	解答	設問	解答
1	①	11	③	21	③
2	④	12	①	22	④
3	①	13	③	23	①
4	②	14	②	24	③
5	②	15	④	25	④
6	③	16	③	26	④
7	③	17	①	27	②
8	②	18	②	28	③
9	②	19	④	29	①
10	③	20	①	30	④

選択科目

［栽培系］

設問	解答
31	①
32	④
33	③
34	④
35	③
36	④
37	③
38	④
39	④
40	②
41	③
42	①
43	④
44	①
45	②
46	①
47	②
48	④
49	①
50	②

［畜産系］

設問	解答
31	④
32	②
33	①
34	③
35	①
36	③
37	②
38	②
39	④
40	②
41	①
42	④
43	①
44	④
45	③
46	④
47	③
48	④
49	④
50	②

［食品系］

設問	解答
31	②
32	③
33	①
34	④
35	②
36	③
37	④
38	②
39	①
40	①
41	④
42	②
43	③
44	①
45	①
46	②
47	①
48	③
49	③
50	④

［環境系］

設問	解答
31	①
32	②
33	②
34	③
35	①
36	④
37	②
38	④
39	③
40	①

［造園］

設問	解答
41	①
42	②
43	①
44	④
45	③
46	④
47	②
48	①
49	②
50	①

［農業土木］

設問	解答
41	③
42	④
43	②
44	④
45	②
46	④
47	①
48	③
49	③
50	①

［林業］

設問	解答
41	③
42	④
43	②
44	①
45	④
46	②
47	④
48	②
49	④
50	②

2018年度 第1回 日本農業技術検定3級 解答一覧

共通問題　[農業基礎]

設問	解答	設問	解答	設問	解答
1	①	11	②	21	③
2	③	12	②	22	③
3	④	13	④	23	①
4	②	14	①	24	③
5	①	15	④	25	③
6	④	16	②	26	②
7	①	17	②	27	②
8	②	18	②	28	①
9	②	19	①	29	①
10	④	20	④	30	①

選択科目

	[栽培系]		[畜産系]		[食品系]		[環境系]
設問	解答	設問	解答	設問	解答	設問	解答
31	④	31	④	31	③	31	③
32	①	32	③	32	③	32	③
33	③	33	④	33	①	33	②
34	③	34	①	34	②	34	②
35	①	35	④	35	④	35	②
36	①	36	②	36	②	36	①
37	①	37	③	37	②	37	③
38	②	38	④	38	③	38	③
39	①	39	②	39	②	39	①
40	④	40	①	40	④	40	②
41	①	41	③	41	③	41	②
42	③	42	①	42	④	42	②
43	④	43	①	43	②	43	①
44	②	44	①	44	①	44	①
45	①	45	②	45	④	45	③

栽培系		畜産系		食品系		[造園]		[農業土木]		[林業]	
46	②	46	②	46	④	46	③	46	③	46	④
47	③	47	①	47	①	47	③	47	③	47	②
48	①	48	②	48	①	48	④	48	③	48	③
49	②	49	②	49	③	49	④	49	④	49	③
50	④	50	③	50	④	50	①	50	④	50	④
51	④	51	①	51	④	51	③	51	④	51	①
52	①	52	②	52	③	52	④	52	④	52	②
53	①	53	④	53	①	53	③	53	②	53	③
54	②	54	②	54	①	54	④	54	③	54	②
55	④	55	③	55	④	55	④	55	④	55	③

2018年度 第2回 日本農業技術検定3級 解答一覧

共通問題 ［農業基礎］

設問	解答	設問	解答	設問	解答
1	④	11	④	21	③
2	④	12	③	22	②
3	①	13	②	23	③
4	①	14	②	24	②
5	③	15	①	25	④
6	①	16	③	26	③
7	①	17	③	27	①
8	④	18	③	28	①
9	③	19	④	29	③
10	③	20	④	30	①

選択科目

［栽培系］ 設問	解答	［畜産系］ 設問	解答	［食品系］ 設問	解答	［環境系］ 設問	解答
31	②	31	②	31	②	31	①
32	④	32	①	32	①	32	②
33	③	33	③	33	④	33	①
34	④	34	③	34	②	34	①
35	④	35	④	35	③	35	④
36	①③	36	①	36	③	36	④
37	①	37	④	37	③	37	③
38	④	38	①	38	③	38	④
39	③	39	①	39	②	39	②
40	①	40	③	40	④	40	②
41	③	41	①	41	①	41	①
42	②	42	③	42	②	42	③
43	③	43	①	43	②	43	①
44	③	44	①	44	④	44	④
45	①	45	②	45	②	45	③

栽培系		畜産系		食品系		［造園］		［農業土木］		［林業］	
46	②	46	④	46	①	46	②	46	②	46	①
47	③	47	②	47	①	47	①	47	②	47	④
48	②	48	③	48	③	48	②	48	①	48	①
49	④	49	②	49	②	49	②	49	③	49	③
50	③	50	①	50	④	50	④	50	③	50	①
51	②	51	②	51	③	51	②	51	②	51	①
52	④	52	③	52	②	52	③	52	④	52	①
53	①	53	③	53	④	53	③	53	④	53	④
54	④	54	①	54	③	54	①	54	④	54	①
55	①	55	①	55	④	55	③	55	②	55	②

2020年度 第2回 日本農業技術検定3級 解説

（難易度）★：やさしい、★★：ふつう、★★★：やや難

共通問題 ［農業基礎］

1 解答▶③ ★★

発芽とは、成熟した種子が吸水して種子の一部である胚から幼根が種皮を破って出てくる一連の過程をいう。一般に、発芽に必要な外的要因には水・温度・酸素が挙げられこれを発芽の3条件という。水は胚で行われる発芽に必要な様々な化学反応に必要な酵素の合成や活性化に使われ、種子の発芽に吸水はスターターの役割を担っている。温度は、発芽の際に行われる各種化学反応に必要となる。しかし、必要となる温度（最適温度）は、植物によって異なり温帯では20〜25℃の植物が多い。酸素は発芽に必要なエネルギーを得るため（呼吸）に必要となる。また、光の存在も発芽に大きな影響を及ぼし、発芽に際して光の刺激が必要な植物（光発芽（好光性）種子）と光が発芽を阻害する植物（暗発芽（嫌光性）種子）がある。また、多くの栽培作物は、品種改良の過程を経て光に影響されない非光感受性種子である。

2 解答▶① ★

無胚乳種子は発芽に必要な養分を胚の一部である子葉に蓄えているので胚自体が自らの力で発芽している。無胚乳種子は有胚乳種子から進化したと考えられるが、その進化の仕組みは未だ不明である。ダイズやコーヒーなど豆類やクリ、ヒマワリなど食用となる種子は養分を蓄えて

肥大した子葉を食べていることになる。有胚乳種子にはトウモロコシ、イネ、トマト、ナス、タマネギなどがあり、無胚乳種子にはダイズ、レタス、キャベツ、キュウリなどがある。

3 解答▶④ ★★

昼夜時間の長さが植物の花芽形成に影響する性質を光周性という。植物は光があたらない時間の長さ（暗期）の変化で花芽を形成している。花芽形成に必要な暗期の時間を限界暗期という。限界暗期より暗期が長くなると花芽を形成する植物を短日植物（夏至を過ぎてから冬に向かって咲く）、暗期が短くなると花芽を形成する植物を長日植物（冬至を過ぎてから初夏にかけて咲く）という。また、暗期の途中に光を一定時間あてる（電照栽培）と長日植物は花芽形成するが、短日植物は花芽形成ができない。また、日照時間の長さに関係なく花芽形成する植物を中日植物という。

ホウレンソウやレタス、カーネーションは長日植物である。キク、イチゴは短日植物、バラやシクラメンは中性植物である。

4 解答▶② ★

生産性の高い土壌＝肥沃な土地は一般的に黒色をしている。それは、土壌中に含まれる腐植が黒色をしていることに由来する。土壌が肥料成分を蓄えるには粘土質の存在等他の要因もあるが腐植の果たす役割は大きい。腐植は、土壌中の有機物が土

壌中の微生物により分解された中間生成物（例えるなら分解されて残ったカス）と土壌中の鉄やアルミニウム等が結合した物質である。したがって、堆肥や落ち葉など有機物を土壌に施すと腐植は増える。腐植には、土壌の団粒構造化、保肥力の向上、pHの緩衝能力の向上、カドミウムなど重金属の吸着等植物の生長に有用な働きがある。

5　解答 ▶ ③　★★★

　土壌は岩石が空気や水によって砕かれて小さくなり、枯れ葉等の植物が微生物によって分解され有機物として堆積した結果作られたものである。土壌の種類は、黒ボク土とそれ以外の沖積土、洪積土、砂質土に分けられる。そして、これらの土の構成割合で土壌の性質が決定し、作物を栽培する上で重要な透水性や保肥力、養分含量に影響する。

　土壌の性質は、砂土、壌土、埴土に分けられ、一般に、透水性は砂土＞壌土＞埴土の順に、保肥力は埴土＞壌土＞砂土、養分含量は埴土＞壌土＞砂土の順になる。田土は埴土に分類される。

6　解答 ▶ ③　★

　日本では、肥料取締法により「肥料とは、植物の栄養に供すること又は植物の栽培に資するため土壌に化学的変化をもたらすことを目的として土地にほどこされる物及び植物の栄養に供することを目的として植物にほどこされる物」と定義され、土壌改良材を含めてその効果が確認されているものが登録され流通販売されている。また、この法律は肥料成分の表示方法も規定しており肥料袋の表示は左から窒素、リン酸、カリの順にその成分割合が示されている。肥料は、個人で使用するために製造・輸入する場合、登録届け出等

の手続きは必要ないが、無料であっても他人に譲渡する場合は手続きが必要となる。

7　解答 ▶ ①　★

　野菜の多くは酸性土壌での栽培に適していない。多くの野菜は、弱酸性（pH5.5～6.5）の土壌を好む。アスパラガスやホウレンソウは酸性土壌では生育不良となりやすい。ジャガイモやサツマイモは比較的酸性土壌であっても生育する。また、ブルーベリーは、pH5程度の酸性土壌を好む事が知られている。

8　解答 ▶ ②　★

　pHが7未満の土を酸性土壌といい、多くの作物での適正な土のpHは5.5～6.5の弱酸性である。日本の土壌は、火山灰が元になっているものが多く、多雨の気候条件から酸性土壌が多く、リン酸やマグネシウム等、作物が必要とする養分を利用できなくなるため、酸性土壌を中和改良する必要がある。

9　解答 ▶ ④　★

　干害は日照りによって夏季などに発生する気象災害。寒害・凍害は冬季に低温によって生じる気象災害。冷害は、日照不足を伴うことが多く出穂期に必要な気温が得られないことから不稔が多くなったり、いもち病が発生しやすくなるなど稲作に大きな影響を及ぼすことがある。冷害のうち東北地方の太平洋側（三陸地方など）で発生する冷害をやませと呼ぶ。やませは、6月～8月頃に吹く冷たく湿った東よりの風によって引き起こされる。この風は寒流の親潮の上を吹き渡ってくるため冷たく水稲を中心に農産物の生育と経済活動に大きな影響を与える。

10　解答 ▶ ④　★

　トマトはナス科、他のナス科野菜としてはピーマン、ジャガイモなど

がある。①ウリ科、②アブラナ科、③セリ科である。生物の分類には、その生理的特性や進化の系統によって分類する自然分類と人間の生活上の都合などによって分類する人為分類に大別される。日本で栽培されている野菜の種類は約150種類といわれ、その品種の数は1,000を超えるともいわれている。自然分類法による野菜の分類は、輪作など栽培方法を検討する上で重要になる。また、緑黄色野菜や淡色野菜など野菜の色による分類は、食物としての栄養の摂り方等で必要になる。

11 解答 ▶ ③ ★★
　キクとカーネーションは宿根草、アジサイは花木に分類される。草花の増殖方法は、開花後の種子を用いる種子繁殖と葉や茎や根など植物の体の一部を元に繁殖する栄養繁殖がある。栄養繁殖は受精しないので親株と同じ形質の個体を繁殖することができる。球根は栄養繁殖の一つで元になる球根（親株）を成長させて発生した球根（子株）を分離させて個体を増殖させる。これを分球という。球根は、葉が重なった鱗茎(チューリップ、ユリ、タマネギ等)、茎が肥大化した球茎（グラジオラス、フリージア、コンニャク等）、地下茎が肥大化した塊茎（シクラメン、アネモネ、ジャガイモ等）、地下茎が水平方向に伸びて肥大化した根茎（カンナ、ハス（レンコン）、ショウガ等）根が肥大化した塊根（ダリア、サツマイモ等）の６種類に分けられるが狭義の意味でいう球根は鱗茎を指すことが多い。

12 解答 ▶ ① ★★
　同じ株の中に雌花と雄花が別々にあるもので、キュウリなどのウリ科やトウモロコシ、ホウレンソウなどがある。一般にイネやトマト、ナスは両性花である。なお、別の株のものを雌雄異株という。

13 解答 ▶ ③ ★
　セイヨウミツバチは家畜用として改良され、明治時代にアメリカから輸入されたといわれている。ミツバチは受粉用昆虫としてなくてはならない「農業資材」となっている。②も訪花昆虫であるがハウス内での利用はほとんどなく、幼虫はアブラムシ対策の益虫。

14 解答 ▶ ④ ★★
　一説によるとニワトリの品種は、世界で約250種、日本では50種といわれている。その品種は卵用品種（白色レグホーン種等：主目的が卵の生産）、肉用品種（白色コーニッシュ種等：主目的が食肉の生産）、卵肉兼用品種（ロードアイランドレッド種等：卵の生産と肉の生産を目的）、観賞用品種（土佐オナガドリ等：観賞用）の４つの品種に大別される。しかし、観賞用品種を除いた品種群は、その用途が明確に分かれているわけではなく卵用品種でも産卵効率が落ちて廃鶏となると食肉市場に出荷されることもある。また、ニワトリはウシやブタに比較すると成長速度が速く飼料が肉になる効率が高い。

15 解答 ▶ ③ ★★
　家畜は、周年繁殖動物：年間を通じていつでも妊娠（繁殖行動）することが可能な家畜と季節繁殖動物：繁殖行動が活発になる季節がある動物に分けられる。ブタやウシは周年繁殖動物であり、ウマやヒツジ、ヤギは季節繁殖動物である。また、季節繁殖は、高冷地など気候や食物（エサ）の量等が季節に大きく影響される地域で飼育するのに適した繁殖行動である。

16　解答▶①　　　★★★

　ニワトリの卵で、ふ化する条件を満たしたものを有精卵というが、卵用品種等の産業養鶏で用いる有精卵を種卵と呼ぶ。種卵では、ふ化率（ふ化したヒヨコの数と温めた卵の数の割合）が90％程度を求められ、その為には親鶏の栄養状態等がしっかりしている必要がある。種卵のふ化適温は37.5℃、ふ化湿度は40％〜50％でありこの条件が満たされ21日間経過しないとふ化しない。一般にふ化のために鳥が卵を抱いて温めることを抱卵というが、養鶏ではふ化器を使ってふ化させる。また、抱卵（加温）時に卵の位置を変えることを転卵という。

17　解答▶②　　　★★

　乳や肉などの生産物や労働力が人間の生活に有用なものを産業動物という。これに対しペットとして飼育される動物を愛玩動物という。ウシは、代表的な産業動物で、トラクタ等の農業機械が普及するまでの農作業の労力としてウマと並んでウシは欠くことのできない動物であった。また、ブタやニワトリは豆類や穀類を飼料として飼育されるので人の食料と重複するが、ウシは、草食動物であり人が直接利用することができない牧草を飼料として飼育され牛肉や牛乳を効率良く生産している。また、牧草を消化するために胃を4つ持っている。

18　解答▶①　　　★★

　写真はドウガネブイブイである。主に葉を食害し、ブドウやウメなどの果樹では重要害虫である。幼虫は広食性であり、多くの作物の根部を摂食する。

　農作物は、自然界の植物に比較して圃場の生物相が単純なため、発生する昆虫の天敵も少ない。そのため、一度害虫が発生すると飛躍的に被害が広がる。害虫の被害は、葉や茎が食べられて成長に影響する食害、作物の体液が吸汁されることで成長不良や奇形果が発生する吸汁害、枝や茎に侵入または寄生した結果できる虫こぶ等が起こる。

19　解答▶④　　　★★★

　メヒシバ、オヒシバは畑地雑草、写真はコナギである。

　農業では、作物に直接または間接的な害をもたらし、その生産を減少させる植物を雑草という。雑草は、主に水田に侵入する水田雑草（湿地を好む）と畑に侵入する畑雑草（乾燥地を好む）に大別される。雑草の特徴の1つに農作物に似た形態や生活史を持つ擬態がある。水田雑草のタイヌビエ（イネ科）は、出穂期まではイネと酷似している。雑草の被害は、光や土壌養分の競合による収穫の減少や病害虫の発生源となること等が挙げられる。防除方法には草刈りや除草剤の使用、防草シートの敷設などがある。

20　解答▶②　　　★

　マメ科の根は空気中の窒素を土に固定する根粒菌が存在し、作物と共生関係にあり、この特性によりアンモニアに還元した形で窒素成分を吸収利用できるため少ない窒素施肥量で栽培できる。

21　解答▶③　　　★★

　稲の籾（もみ）から籾殻（もみがら）を除去した状態の米が玄米である。そこから、精米工程により、表面を削り取ると白米となり、削り取られた部分がぬかである。一般的に日本では、ぬか（糠）はコメの精白過程で生じたものと認識されているが、本来は穀類を精白する過程で除去された果皮や種皮、胚芽などの部分をいい、英語圏では Bran と呼ば

れる。また、小麦のぬかは、ふすま（麩）とよばれる。ぬかは、漬物に利用されるほかに近年は健康食材としてクッキー材料など多用途に利用されている。

22　解答 ▶ ②　　　　　　　　★

　20種類のアミノ酸が多数結合しているタンパク質である。結合しているアミノ酸の種類や数の違いで、タンパク質の名称が変わる。タンパク質は、主に魚・肉・卵乳などに多く含まれている。タンパク質の構成物質であるアミノ酸は自然界に約500種類あるといわれるが、そのうち人の体を構成するタンパク質は20種のアミノ酸から構成されている。このアミノ酸のうち体内で合成できない9種のアミノ酸を必須アミノ酸と呼び、食物として摂取しなければならない。

23　解答 ▶ ④　　　　　　　　★

　①納豆は蒸煮大豆を納豆菌で発酵させたもの。②味噌は大豆・麹・塩を合わせて発酵熟成させたもの。③ヨーグルトは乳を乳酸発酵させたもの。④豆腐はダイズから搾った豆乳を凝固剤で凝固させたものである。酵母菌など微生物の働きにより食材を長期保存が可能なもの（キムチ等漬物）にしたり食味をよくしたり（パン、納豆や鰹節等）食材を新たな食品にする（醤油、酒、味噌等）など人にとって有益な微生物の働きを発酵という。これに対し食材を人が利用できないようにする変化を腐敗という。

24　解答 ▶ ③　　　　　　★★★

　農家とは、経営耕地面積が10a 以上の農業を営む世帯または農産物販売金額が年間15万円以上ある世帯をいう。なかでも、経営耕地面積30a以上または農産物販売金額が年間50万円以上の農家を販売農家という。

販売農家は、総所得に占める農業所得の割合によって主業農家等に分けられるとともに兼業従事者の存在によっても分類される。また、農業所得とは、農業粗収益（農業経営によって得られた総収益額）から農業経営費（農業経営に必要とした経費）を差し引いた金額をいう。

25　解答 ▶ ①　　　　　　　★★

　平成28年の農林水産省の品目別自給率のデータでは、豆類が 8 ％、米が97%、砂糖類が28%、鶏卵が97%となっている。

　食料供給に対する国内生産の割合を示す指標を食料自給率という。食料自給率には、その品目の重量で計算する品目別自給率と、その食料の金額や熱量（カロリー）を単位として計算する総合食料自給率がある。令和元年度のカロリーベース総合食料自給率＝ 1 人 1 日当たり国産供給熱量（918kcal）／ 1 人 1 日当たり供給熱量（2,426kcal）＝38%。生産額ベース総合食料自給率＝食料の国内生産額（10.3兆円）／食料の国内消費仕向額（15.8兆円）＝66%となっている。

26　解答 ▶ ①　　　　　　　★

　GAP とは、Good Agricultural Practice の略で「ギャップ」と読む。日本語では、農業生産工程管理ともいう。この取り組みを農家や産地が行うことで、生産管理の向上、効率性の向上、農業者や従業員の経営意識の向上に繋がる効果や我が国の農業の競争力強化にも繋がると期待されている。具体的な取り組みとして農薬や肥料の保管や農機具の整理整頓の徹底、生産履歴の記帳、農場内の点検と課題や問題点の改善及びその内容の記録等が挙げられる。また、この取り組みを第三者機関に審査され認証されることを GAP 認証

という。

27 解答 ▶ ③　　　　　★

　欧州では、農村に滞在しバカンスを過ごすという余暇の過ごし方が普及している。英国ではルーラル・ツーリズム、グリーン・ツーリズム、フランスではツーリズム・ベール（緑の旅行）と呼ばれている。グリーン・ツーリズムは、都市住民に自然や農山漁村の人とふれあう機会を提供するだけでなく、農山漁村を活性化させ、新たな産業を創出する可能性があると考えられている。このため、いわゆる農家民泊を推進し、ゆとりある国民生活の実現を図るとともに農山漁村地域において都市住民を受け入れるための条件整備を目指して「農山漁村余暇法」（略称）が平成6年に制定された。

28 解答 ▶ ④　　　　　★

　スマート農業はロボット技術等の導入により農作業の自動化・省力化やドローンによる防除等により農作業や栽培管理の負担が軽減される農業である。後継者不足対策や省力化、栽培技術の平準化、減農薬等により持続可能な農業経営の可能性等新時代の技術であるが、課題としては、導入に伴う初期費用が高価になることが多いことや現状では業者間でのソフトウェアやデータ形式の標準化が進んでおらず共有化に難点があること等が挙げられる。

29 解答 ▶ ②　　　　★★

　面積 1 a は10m × 10m ＝100㎡である。1 ha は 100m × 100m ＝10,000㎡である。

30 解答 ▶ ②　　　　　★

　写真は自脱式コンバイン（稲刈りと脱穀を連続して行う）。稲作は、最も機械化、省力化が進んでいる作目のひとつである。昭和四十年代末には、播種－育苗－田植え－管理－刈り取り（収穫）－脱穀－乾燥・調製・保管まで一体化した機械化が確立されている。稲作の機械化で画期的なことは田植え機とコンバインの開発である。10a 当たりの労働時間は、田植え機により23時間が3時間にコンバインにより稲刈り・脱穀時間は36時間が4時間に省力化されたとされている。

選択科目 ［栽培系］

31 解答▶① ★★★
　①は胚乳、②は胚、③は内えい、④は外えい（もみがら）である。たねもみの構成は、もみがらと玄米であり、玄米はその外側を薄い種皮と果皮で包まれ、内部は胚と胚乳からできている。胚には幼（よう）葉（よう）鞘（しょう）（鞘葉とも呼ぶ）や幼根など、将来、植物体になる器官のもと（原基）がある。胚乳は、この器官のもとが育つための養分の貯蔵場所になっている。

32 解答▶③ ★
　①ジャガイモはナス科の作物で塊茎を利用する。②収穫後の休眠期間は2～4ヵ月で、その後5～10℃の環境になるとほう芽を始める。③栽培期間は約120日である。④原産は南アメリカアンデス山系の高地といわれ、冷涼な気候に適している。

33 解答▶① ★
　②ポップコーン（爆裂種）は菓子類への利用、③フリントコーン（硬粒種）は主に飼料用、工業原料用に利用、④デントコーン（馬歯種）は主に飼料用として利用されている。

34 解答▶① ★★★
　イネの葉は①葉身、②葉舌、③葉耳、④葉しょうのほか、分げつ芽、節などから成る。

35 解答▶② ★★
　真夏になると、土壌中の酸素が不足して根が弱るため、土地を乾かし、土中の有害物質を取り除き、根に酸素を送る作業が中干しである。土地が乾くと肥料成分が吸収されないため、不要な分げつも止まる。③は間断灌漑の説明。

36 解答▶① ★
　②雑種強勢による雑種第一代で得られる特性は、その雑種代にしか現れないため、種子として利用ができず、毎年種子を購入しなければならない。③メンデルの法則が当てはまる。④トウモロコシはF₁利用の代表例である。

37 解答▶④ ★★★
　スイカやキュウリなどのつる性作物で茎が太く、葉も大きく、見かけは良いが着果不良や果実の品質が悪化するのが「つるぼけ」である。これは窒素肥料が多過ぎることによる徒長的生育が原因である。

38 解答▶② ★
　葉3枚ごとに花房が着生する。その葉と茎との間からえき芽（腋芽）が発生する。

39 解答▶① ★
　ハクサイの収穫適期は、種まき後の日数（60～70日）と結球のしまり具合で判断する。

40 解答▶④ ★★★
　岐根は、直根の先端が傷つき、分岐した結果、枝わかれをしたダイコンである。堆肥以外の枝や石ころ、害虫被害でも発生する。ダイコンの肥料は化学肥料が原則である、未熟堆肥も発生原因となる。

41 解答▶① ★★
　キクはさし芽や株分けで殖やす。プリムラは種子繁殖または株分け、パンジーは種子繁殖、スイセンは分球。

42 解答▶② ★★★
　①はニチニチソウ、③はマリーゴールド、④はプリムラポリアンサである。

43 解答▶③ ★★
　写真の種子は③マリーゴールドである。①パンジーの種子はごま粒状に丸く小さい。②スイートピーはマメ科でダイズ粒状に大きい。④ヒマワリは半月状の形をしている。

44　解答▶④　　　　★★
　④チューリップは有皮りん茎類に分類される秋植え球根。①スイセンは有皮りん茎で秋植え球根。②ユリは無皮りん茎で秋植え球根。③グラジオラスは球茎で春植え球根。

45　解答▶④　　　　★★
　微細粒種子は播いた後にじょうろなどで上から潅水すると、種子は水で流れ出てしまう。このため、播種後は底面から給水させる。

46　解答▶③　　　★★★
　③ベゴニア・センパフローレンスは四季咲き性の花壇苗として、初夏や秋の花壇に植栽される。夏場の暑さや乾燥に弱く、冬の寒さにも弱い。①ハボタンは耐寒性があるため、冬花壇に植栽される。②サイネリアは、2〜4月に開花する花鉢物である。④シクラメンは冬の花鉢物である。

47　解答▶②　　　　★★
　ナシやリンゴは収穫時に手で軽く斜め上方に持ち上げるようにすれば、果柄（かへい）（軸）が外れて収穫できる。収穫は簡単であるが、風によって揺れると落果するため、ナシでは棚栽培が行われている。

48　解答▶④　　　　★
　写真は、カラタチの実生を育成したものを台木として、穂木を接ぎ木している様子である。果樹の苗木を作るために、栄養繁殖のひとつである接ぎ木繁殖が広く行われている。接ぎ木は実生苗を台木とするため、根が深くまで伸長し、生育が旺盛である。

49　解答▶③　　　　★★
　実生繁殖は種子を播いて生育させたものである。品種改良では実生繁殖が利用されるが、落葉果樹では親より優れた形質のものができることはまれである。

50　解答▶③　　　　★
　写真はモンシロチョウの成虫であり、幼虫がハクサイ、キャベツ、ブロッコリーなどのアブラナ科植物を食害する。

選択科目 ［畜産系］

31　解答▶②　　　★★
　ニワトリの胃は、腺胃と筋胃からなる。腺胃では、胃酸と消化酵素によってタンパク質が消化される。

32　解答▶④　　　★
　①②③は少産鶏の特徴である。産卵中のニワトリのとさかは鮮明な赤色である。

33　解答▶①　　　★
　ヒヨコの温度管理の目安は、0～3日は32℃、4～7日は29℃、8～10日は27℃、11～17日は24℃、18～23日は21℃で、18～23日で廃温する。（冬にふ化したヒナの給温期間は35日程度。）③予防接種は必要である。④バタリー飼育は、過密度飼育によるストレスが生じやすい。

34　解答▶②　　　★★
　鶏卵の品質は、卵を割ったときに、濃厚卵白が多くて卵白の広がりが少なく、卵黄は濃厚卵白に囲まれて盛り上がっているものがよい。ハウユニットは濃厚卵白の盛り上がりが卵を保存している間に減少する特性を利用した鮮度の指標で、卵重と卵白の高さを測定して表される。

35　解答▶③　　　★
　デビークは写真のデビーカーを用いて嘴の先端を焼き切り伸長しないようにすることである。ビークトリミングや断しとも呼ぶ。ニワトリはペックオーダー（つつき順位）により集団内の順位付けを行うが、つつき行為が過剰に現れ尻つつき等のカンニバリズム（悪癖）が起こることがある。デビークはこれを予防するために行う。

36　解答▶②　　　★
　ワクチン接種が有効な病気は原因がウイルスの場合である。①は細菌、③は原虫が原因のニワトリの病気である。④は乳牛の病気である。

37　解答▶①　　　★★
　①バークシャー種が中型種、②③④は大型種である。バークシャー種はイギリス原産、ランドレース種はデンマーク原産、デュロック種はアメリカ原産、大ヨークシャー種はイギリス原産である。

38　解答▶④　　　★
　体長は正姿勢で両耳間の中央から体上線に沿って尾根までの長さを測る。

39　解答▶③　　　★★
　飼料要求率、飼料効率は家畜の種類や飼料の内容、飼養管理、育種改良、家畜の飼育段階によって異なる。一般的に、飼料の価値を示すときは飼料効率が、農場の飼養成績を示すときは飼料要求率が用いられる。

40　解答▶④　　　★★
　日本の対極が、アメリカやオーストラリアで見られる土地利用型畜産である。

41　解答▶②　　　★★
　牧草以外は濃厚飼料である。濃厚飼料は消化される成分の含量が高く、一般的に容積が小さく、粗繊維含量が低い飼料である。

42　解答▶④　　　★★★
　③の鶏痘や伝染性気管支炎は法定伝染病ではない。法定伝染病は家禽コレラ、高病原性鳥インフルエンザ、ニューカッスル病、家禽サルモネラ感染症（ひな白痢）の4種。法定伝染病に対して、飼育者は発生が疑われる特定の症状が出たときの家畜保健衛生所への届け出が義務づけられている。

43　解答▶③　　　★★★
　写真が示す器具は、削蹄時に用いる大型爪切りである。

44　解答▶③　　　★★★
　写真はロールベールをラッピング

するラップマシーンであり、水分を含んだ状態で梱包した牧草等を包み、ラップサイレージを作る際等に使用される。牧草の梱包はヘイベーラで対応し、ラッピングはしない。

45 解答 ▶ ① ★

鶏卵の主な加工特性には、熱凝固性、起泡性、乳化性がある。卵焼きとゆで卵は熱凝固性、スポンジケーキは起泡性と熱凝固性、マヨネーズは乳化性を利用したものである。

46 解答 ▶ ④ ★★

ジャージー種の原産地はイギリス（チャネル諸島のジャージー島）である。乳脂率などの乳成分が高いため、牛乳は濃厚で、バターなどの乳加工品の生産にも適しているが、乳量が少ないことが難点である。ガンジー種は薄茶色と白色の斑紋、ブラウンスイス種は灰褐色から濃褐色まで色の幅があり、エアシャー種はホルスタイン種の黒色部分が赤茶色になったもの。

47 解答 ▶ ④ ★★

バルククーラは生乳を撹拌しながら5℃以下に冷却する。

48 解答 ▶ ② ★★★

①分娩後に乳分泌が始まる。③オキシトシンは乳の排出を促す。ストレスを与えると、アドレナリンが分泌され、乳の排出をやめる。④通常は1日2回搾乳で、12時間間隔で行う。

49 解答 ▶ ① ★

肩端は、肩甲骨の端が上腕骨に接する部分である。

50 解答 ▶ ③ ★★

産卵率とは雌飼養羽数に対する産卵数の割合である。174÷（315−15）羽×100＝58％。

選択科目［食品系］

31 解答 ▶ ③ ★

食品が備えるべき特性の中でエネルギー補給・体機能調節に必要なものは栄養性に関わることである。体を作ることを含めた機能を有するものを栄養素といい、糖質・タンパク質・脂質・ビタミン・ミネラルなどが含まれる。形状・味・重金属は該当しない。

32 解答 ▶ ② ★

マーガリンは、もともとバターの代用として開発され、主として植物油を硬化し、乳成分・食塩・乳化剤等を添加したもので、油脂の含量は80％以上である。④の油脂の含量が80％未満のものはファットスプレッドである。バターは、乳脂肪分が80％以上となる。

33 解答 ▶ ③ ★

CA貯蔵とは、貯蔵環境の酸素濃度を低下させ、二酸化炭素濃度を増加させて青果物の生理活性を抑制することによって鮮度を保つ貯蔵法である。リンゴの貯蔵法の他、ナシ・カキなど多くの貯蔵に利用されている。他は温度の調整による貯蔵法である。

34 解答 ▶ ① ★★

②乾燥により、水分活性は低くなる。③食品中の水分には自由水と結合水があり遊離水は、容易に乾燥によって除かれるが結合水は除かれにくい。④食品は乾燥により脂肪の酸化を促進することはあっても防止する効果はない。

35 解答 ▶ ② ★★

サルモネラ菌は、鶏・豚・牛等の動物の腸管や河川・下水道等に広く生息する細菌である。①カンピロバクターは感染型食中毒の原因菌である。③黄色ブドウ球菌の毒性物質は

エンテロトキシンである。④腸炎ビブリオ菌は感染型食中毒の原因菌である。

36　解答▶④　★

　プラスチック容器は、軽量で加工しやすいなど、他の包装材料よりすぐれた点が多くあり、現在ではいろいろな食品容器として、広く使われているが、分解されにくく、再利用がむずかしいなどの問題点がある。そこで生分解性プラスチックなどの開発が進んでいる。

37　解答▶①　★★★

　直ごね法は中種法に比べ、発酵時間が短いが時間や温度の影響を受けやすく生地の状態や風味などの個性豊かなパンとなる。中種法はのびの良いグルテンを形成し、生地が傷みにくいため機械製造にも適し、安定したパンができるため企業で広く用いられる。

38　解答▶③　★

　日本の伝統的な麺は、太さなどによって4種類に分けられる。機械製乾麺の場合、直径1.7mm 以上が①の「うどん」、直径1.3mm 以上1.7mm 未満が②の「ひやむぎ」、直径1.3mm 未満が③の「そうめん」、幅4.5mm 以上で厚さ2.0m 未満が④の「きしめん」である。

39　解答▶③　★

　大豆の成分組成（g/100g）は、炭水化物（繊維質除く）約18%、脂質約20%、タンパク質約35%、無機質約5%で、「畑の肉」といわれるほどタンパク質が非常に多い。落花生は、脂質。小豆・インゲン・エンドウ・ソラマメは、炭水化物が一番多い。

40　解答▶④　★★★

　豆腐の原材料は大豆、凝固剤、水である。大豆はよく乾燥させた新しいものを十分に吸水させて使用する。凝固剤は海水から得られた天然のにがり（塩化マグネシウム）を用いていたが現在では④の硫酸カルシウムやグルコノデルタラクトンが使用されている。

41　解答▶②　★★

　①ポテトチップはジャガイモ、②しらたきはコンニャク、③いも焼ちゅうはサツマイモ、④わらび餅はワラビあるいはサツマイモを原料としている。ジャガイモ、サツマイモ、ワラビにはデンプンが多量に含まれおり、コンニャクはグルコマンナンが多い。

42　解答▶④　★★

　①自己消化により、野菜特有の青臭さやあくが減る。②乳酸菌が関与し、発酵作用により有機酸やエタノールは増加する。③野菜を食塩水に漬けると、浸透圧の差によって水分が細胞外にしみ出す。④脱水された成分は、乳酸菌などの栄養源となる。

43　解答▶④　★

　ジャム類の種類別生産割合の1位2008年イチゴ（38.2%）、2017年（33.5%）、2位2008年ブルーベリー（17.6%）、2017年（22.2%）。日本で初めてイチゴジャムをつくり販売したのは、明治10年東京新宿の勧農局で、4年後企業も販売を開始する。

44　解答▶①　★★

　②はナツメグ（肉ずく）、③は辛子（マスタード）、④はターメリック（ウコン）である。ローレルは特有の香味を持ち、肉の生臭さを消す。また、葉をベーリーフといい、生あるいは乾燥葉で、スープや菓子の香味料となる。果実は、薬用とされる。

45　解答▶②　★★★

　豚の肩肉、ロース肉又はもも肉を整形し、塩漬し、ケーシング等で包装した後、低温でくん煙し、又はくん煙しないで乾燥したものは②の

ラックスハムである。①のボンレス
ハム、③のショルダーハム、④のロ
ースハムは湯煮し、若しくは蒸煮す
る加工工程がある。

46 解答▶① ★★
　くん煙剤は、日本では広葉樹が使
われることが多く、①のサクラ、リ
ンゴ、ブナ、ナラ、クルミなどを用
いる。欧米では、肉や魚に適する
ヒッコリーが多く使われる。サクラ
は、香りが強く、特に羊や豚肉など
のくせのあるにおいの強い肉に用い
られる。

47 解答▶② ★★
　フリージングでミックスを攪拌す
る間に空気が混入し、アイスクリー
ムはミックスの容積に比べて増加す
る。この容積の増加割合をオーバー
ランといい、パーセント（%）で表
す。空気と原料が同量であれば、オ
ーバーランは100%となる。オーバ
ーランが高いほど軽い感じの味にな
り、低いほど重みのある味になる。

48 解答▶④ ★★
　①カロテノイドは、脂溶性色素で
ある。②バターは油中水滴型のエマ
ルジョン（乳濁液）である。③乳等
省令によりバターの成分規格は脂肪
分80%以上、水分17%以下と規定さ
れており、バターには、良質な乳脂
肪とビタミンAが豊富に含まれて
いる。

49 解答▶② ★★★
　卵白は、水分88%・タンパク質
10.5%、卵黄は、水分48.2%・タン
パク質16.5%・脂質33.5%である。
鶏卵を65℃の湯中で60分間保温した
ものを温泉卵といい、卵白は完全凝
固しないため柔らかいが卵黄は凝固
温度が64〜70℃であるため、ほどよ
く固くなる。

50 解答▶③ ★★★
　もろみを木綿やナイロンなどの布
袋に入れ、圧搾装置でろ過した液を
生しょうゆまたは③の生揚げしょう
ゆという。①の白しょうゆ、②のた
まりしょうゆ、④の薄口しょうゆな
どは日本農林規格で分類している
しょうゆの種類で、それぞれが特有
の色調、風味を持ち、これらの特徴
を生かして利用されている。

選択科目 ［環境系］

31 解答 ▶③　　　★★
①太い実線は外形線に用いる。対象物の見える部分の形状を表す。②細い実線は寸法線等に用いる。寸法を記入する場合等に用いる。③細い一点鎖線は中心線等に用いる。図形の中心を表す場合等に用いる。④細い二点鎖線は想像線等に用いる。隣接部分を参考に表す場合等に用いる。

32 解答 ▶③★
1 cm ×100＝100cm。製図に用いる尺度には現尺（実物と同じ大きさで描く）、縮尺（実物より小さく描く）、倍尺（実物より大きく描く）がある。

33 解答 ▶②　　　★★★
円や円弧を描くときに用いる製図用具。大コンパス、中コンパス、小コンパスがある。①プラスチック板に文字・図形などの外形をくり抜いたもの。③小円を描くのに適しており、上部にスプリングがあり脚間にあるねじで半径を調整する。④両方の脚の先は針がついている。スケールからの寸法の移動や円弧の等分割などに用いる。

34 解答 ▶④　　　★★
①スタジア法は、視準板に刻まれた目盛を使い未知点までの水平距離を計算により求める方法。②交会法は、新しい測点までの距離を測定しないで、方向線によって未知点を求める方法。③道線法は、平板測量の骨組測量として用いられる方法（多角形に設けられた測点を平板を移動させながら図示する方法）。④放射法は基準となる平板をすえつけ、その測点から必要な地物の方向と距離を測定する方法。

35 解答 ▶②　　　★★
ベンチマーク（Bench Mark）の略で水準測量を行う場合の基準点（既知点）となる。通常は動かない位置にポイントを定めそれを基準として測量する。1等・2等・3等水準点がある。

36 解答 ▶④　　　★★★
一般にリフレッシュ効果などの森林浴効果をもたらす森林の香り。健康増進の効果があることが知られている。フィトンチッドはフィトン「植物」、チッド「殺す」を意味する。

37 解答 ▶①　　　★★
スギやヒノキなどの人工林は、植林時は一定間隔に植栽するが、成長に伴い密度が窮屈となるため、適度に間引き（間伐）をする必要がある。また、成長が早く、まっすぐな材がとれ、軽くて柔らかいため加工しやすい。

38 解答 ▶④　　　★
樹木は樹形や葉の形によって、針葉樹と広葉樹とに分けられる。針葉樹の樹形は垂直に伸びた幹から枝が周囲に伸びて円錐の形をしているものが多い。葉は針状・鱗片状。広葉樹の樹形は、枝分かれして大きく横に広がり丸みがある。葉は広くて平べったい形が多い。

39 解答 ▶①　　　★★
世界の森林率は、平均で約30%となっているのに対し、我が国では国土の約3分の2（66%）が森林で覆われている。

40 解答 ▶③　　　★
刈払機を使用して下刈り（幼木を保護するために雑草等の下草を刈ること）を行い、幼木の成長を促す。下刈りは夏期に行うことが多い。構造は原動機、シャフト、回転鋸からなり、日本国内で業務として刈払機を使用する場合には、安全衛生教育

を受講する必要がある。

選択科目［環境系・造園］

41 解答▶④　　　　　★

石灯籠は上部から宝殊（ほうしゅ）、笠、火袋（ひぶくろ）、中台（ちゅうだい）、竿（さお）、基礎という六つの部分から構成されている。これらが全部揃っているものを「基本型」という。

42 解答▶③　　　　★★

枝の一か所からの分岐が異常に多くなり葉は小型になり花も咲かず、鳥の巣状（てんぐ巣状）あるいはほうき状になり被害部が次第に枯死する。ソメイヨシノに多く発生している、ホルモン異常が要因といわれる。タフリナ菌が原因である。

43 解答▶②　　　★★★

常緑広葉樹でブナ科。日陰でもよく生育し発芽力があり、大気汚染や潮風に強い。主として生垣や刈り込み物に用いられる。備長炭の原料として利用される。

44 解答▶②　　　　　★

四ツ目垣製作で最初に施工するもので製作の基準となる柱である。間柱・立て子の高さより高めに施工する。間柱は親柱と親柱の間にいけ込み、高さは立て子と同じで竹垣の裏側に施工する。

45 解答▶④　　　　★★

広大な敷地に池、築山、茶室、東屋（四阿・あずまや）などを園路でつなぎ、歩きながら移り変わる風景を鑑賞する庭園。岡山県の後楽園、石川県の兼六園、香川県の栗林公園等が有名。

46 解答▶①　　　　　★

南北4.0Km、東西0.8Kmで1858年公園設計コンペに入賞した、フレデリック・ロー・オルムステッドらの設計による。現在は美術館や博物館がある。②ハイドパークはロンド

ン市。③ドイツ語で小さな庭の意味、分区園、貸農園、小菜園地など。④ブローニュの森はパリ市16区にある。森林公園で多くの庭園、施設がある。

47　解答▶③　　　★★★

透視図は設計者の意図をより分かりやすく施工者や一般の人々に伝えるために作成される。完成予想図として設計した庭園や公園の平面図や立面図をもとに描かれる。透視図法として視心を設けて２次元の平面に投影する。①詳細図。②断面図。③立面図。

48　解答▶④　　　★★

街区公園は主として街区内に居住する者の利用に供することを目的とする公園で、誘致距離250mの範囲内で１か所当たり面積0.25haを標準として配置する。①運動公園は１か所当たり面積15〜75haを標準として配置する。②地区公園は誘致距離１kmの範囲内で１か所当たり面積４haを標準として配置する。③近隣公園は誘致距離500mの範囲内で１か所当たり面積２haを標準として配置する。

49　解答▶②　　　★★

さし木の利点は、母樹と同様の花を咲かせ枝葉や樹形も類似したものが得られる点。同一品種を増やしたり、苗木の生育期間を短縮し経費の削減ができる。①の説明は実生繁殖。③の説明は組織培養。④の説明は株分け。

50　解答▶①　　　★

一般的に高木で植栽の敷地が広い場合に施工する。丸太あるいは唐竹を３脚か４脚にして取り付ける。②丸太または竹を水平に渡して結束する方法。③神社の鳥居のような形をしており、街路樹に多く使用されている。④幹に添えて丸太または竹を

地中に十分挿し込み数か所を幹に結束する。

$$A=2\times(\mathcal{P})$$
$$(\mathcal{P})=2\div 2=1$$

選択科目
[環境系・農業土木]

41 解答▶① ★★
②客土の説明。③除礫の説明。④混層耕の説明。

42 解答▶② ★★
除礫の説明。

43 解答▶④ ★
記述の手段をミティゲーションといい、5原則がある。環境アセスメントの中心となる。

44 解答▶③ ★
回避は事業実施範囲から除外することが原則となる。①は修正。②は最小化。④は軽減。

45 解答▶③ ★★
①力のモーメントの釣合い。②大きさが等しく作用線が平行で、互いに逆向きの力。④分力のモーメントの合計は、合力のモーメントに等しい。

46 解答▶② ★★
$M=P\times\ell=200\times 0.2$
cmを m単位に直して計算する。

47 解答▶① ★★
弾性の法則ともいわれ、軸方向応力とひずみの関係は一定のかたむきを持った直線となる、この比例定数を弾性係数という。②ポアソン比は縦方向のひずみと横方向のひずみの比のこと。③バリニオンの定理は力のモーメントの合力理論。④モーメント法はトラスの部材力の測定法。

48 解答▶④ ★★★
$$\varepsilon=\frac{\Delta l}{l}=\frac{9}{300}$$

49 解答▶② ★★★
$$\delta=\frac{P}{A}=\frac{50}{0.5}$$

50 解答▶④ ★★★
$$Q=A\times V$$
$$A=\frac{Q}{V}=\frac{0.8}{0.4}=2$$

選択科目［環境系・林業］

41 解答▶① ★★★
　植生に影響がある気温は、標高が高くなるにつれて低下（高度が100m上昇するにつれて、約0.6℃気温が低下する）し、植生分布に影響する。これを植生の垂直分布という。ハイマツは主に高山帯に植生し、高山の多雪と強風を避けるため、地を這うような樹形をしている低木である。

42 解答▶① ★★
　上部の層（表層土壌）はA層であり、下層土はB層、C層である。②③上部の層（A層、表層土壌）には、植物の成長に必要な養分や水分を多く含み、植物の根が張っている。また、多くの土壌生物や微生物が生息している。④ポドゾルは、寒冷湿潤な亜寒帯や亜高山帯の針葉樹林帯に多くみられる強酸性の土壌であり、日本の森林や樹園地に広く分布するのは、褐色森林土である。

43 解答▶② ★★
　毎年の成長量と同じ量の樹木を伐採し、その分を植林することで持続的な森林経営が可能となる森林を法正林という。法正林は、林木を伐採するまでの各年齢の林木が同面積ずつ適正に配置されている理想の森林である。①現在の実際の森林は、法正林とはかけ離れており、高年齢の樹木が多い状況にある。

44 解答▶④ ★★★
　森林は民有林と国有林に分けられる。民有林のうち個人や会社等が所有している森林（私有林）を除いた都道府県有林、市町村有林等を公有林という。①国有林のこと、③民有林（私有林）のこと。

45 解答▶③ ★★
　①亜熱帯林－アコウ、ガジュマル、木生シダなど。②暖温帯林（暖帯林、照葉樹林）－シイ類やカシ類、タブノキなどの常緑広葉樹を主とする。③冷温帯林（温帯林、夏緑樹林）－ブナ、ミズナラ、カエデ類などの落葉広葉樹を主とする。④亜寒帯林－モミ類やトウヒ類の常緑針葉樹を主とする。

46 解答▶④ ★★
　アカマツとクロマツは樹皮を見て見分ける。アカマツは赤みがかった樹皮をしている。①はスギ。②はコナラやクヌギで伐採後、萌芽更新が可能な樹種。③はヒノキ。

47 解答▶① ★★
　植栽後の保育作業では、まず数年間は植栽木の成長を阻害する雑草等の刈り払いを行う（下刈り）。その後、成長が遅れたり形質が悪くなった植栽木や侵入した雑木を伐採する（除伐）。その後、植栽木が成長して林内が密集した頃、植栽木の間引き伐採を行う（間伐）。

48 解答▶③ ★
　木材生産のための作業の順序として、まず樹木を伐採し（伐採）、集材した樹木の枝払いや玉切りを行う（造材）。玉切りをした木材を林道沿いの土場まで集めて（集材）、運搬車に積み込み、森林から運び出す（運材）。

49 解答▶② ★★
　①皆伐法は林木のすべてを一時に伐採する方法。③漸伐法は数回に分けて伐採する方法。④母樹保残法は一部の成木を種子散布のために残し、他は伐採する。

50 解答▶④ ★
　①毎木調査法は、すべての木を測定する。④標準地を選ぶ場合は、類似した林相の部分がひとまとめになるよう区分して選ぶ。標準地は10m×10mなどとする場合が多い。

2019年度 第1回 日本農業技術検定3級　解説

（難易度）★：やさしい、★★：ふつう、★★★：やや難

共通問題［農業基礎］

1　解答▶①　　　　　　　★

写真はトウモロコシである。トウモロコシはイネ科の一年生植物で雌雄異花同株。頂部の雄穂で作られた花粉が雌穂の絹糸（馬の尾状）のひとつひとつに受粉、結実する。青果用は子実（雌穂に実ったひとつひとつの実）が完熟する前の糊熟期に収穫する。C4植物で光合成能力が高くイネ、コムギと合わせて世界三大穀物と呼ばれる。また、近年は食料や飼料だけでなくバイオエタノールの原料としても重要である。

2　解答▶④　　　　　　　★

写真はトマト。トマトは、ナス科の熱帯性植物で日本では1年生野菜として扱われるが、原産地等では多年生野菜として扱われる。ナス科の野菜にはナスやトマト、トウガラシ、ピーマンなど果実を食用にする種が多く、ほかにジャガイモやタバコ、ホオズキやペチュニアなど草花もある。

3　解答▶①　　　　　　　★

作物の生育期間の長短を示す特性を早晩性という。生育期間が短い品種を早生種という。一般的に早生品種は、小型で収量や糖度などの品質が劣る場合が多い。生育期間が長い品種を晩生種という。晩生種は、生育期間が長くなるので早生種に比較して収量が多く品質も高くなる事が多い。また、生育期間が中間の品種を中手種という。品種の早晩性を組

み合わせることで収穫期を長くしたり、台風や霜等の気象災害のリスクを低減する作付けが可能となる。

4　解答▶③　　　　　　　★

ウリ科野菜にはスイカやカボチャ、キュウリ、ヘチマ、ヒョウタンなどがある。ウリ科野菜は雌雄異花同株が多い。また、スイカの産地では連作障害やつる割病対策が課題となっており病害防除としてユウガオやカボチャなどを台木に用いる接木栽培が多く行われている。

5　解答▶③　　　　　　　★

野菜の分類は来歴に注目したものやカロテン含有量に注目した分類等いくつかあり、設問の野菜の利用部位（可食部）による分類は、根菜類：根を食用部位とする（ゴボウ、ダイコンなど）、葉菜類：葉や葉柄を食用部位とする（レタス、ハクサイなど）、果菜類：未熟果や熟果を食用部位とする（トマト、ピーマンなど）の3つに分類されることが多かったが、近年はこれに加えて、茎菜類：地下あるいは地上の茎を食用部位とする（アスパラガス、タマネギなど）、花菜類：花序や花弁を食用部位とする（ブロッコリー、ミョウガなど）5つに分けられる事が多い。

6　解答▶①　　　　　　★★

果樹の栽培状況を比較する場合、面積と収穫量の比較が多いが、農業面から見ると、生産額（出荷額）が現実的である。農林水産省の平成27年度（2015年）統計では、1位がウンシュウミカン1,505億円、2位リ

ンゴ1,494億円であるが、その差は
わずかである。ブドウ1,144億円は
面積・収穫量共に第5位であるが、
出荷額は3位であり、栽培が盛んで
あることを示している。

7　解答▶④　　　　　　　★★

イネ、トウモロコシ、トマトは有
胚乳種子。発芽時に必要な養分が胚
乳に蓄えられる種子を有胚乳種子と
いいデンプンを多く含むイネ科種子
（ムギ・トウモロコシなど）やカキ科
種子がある。発芽に必要な養分を種
子の成熟期に子葉が吸収し胚乳が発
達しない種子を無胚乳種子といいマ
メ科やアブラナ科種子の他にクリな
ど多くの植物が無胚乳種子である。

8　解答▶③　　　　　　　　★

写真左がキャベツ、右がハクサイ
であり、アブラナ科に分類される。
マメ科には、ダイズなどがあり、ウ
リ科には、キュウリ、スイカなどが
あり、ナス科には、トマト、ナスな
どがある。

9　解答▶①　　　　　　　　★

ホウレンソウは酸性土壌において
生育不良となりやすいが、サトイモ、
スイカ、ダイコンは比較的酸性土壌
でも生育する野菜である。キュウ
リ、ハクサイなど多くの野菜の好適
土壌酸度は pH7.0〜6.0となるが、
ホウレンソウは弱アルカリ性土壌が
好適とされている。土壌酸度の調整
には、土壌改良材を投入するが酸性
土壌を中和するには消石灰やカキ殻
など有機石灰を施しアルカリ性土壌
を中和するにはピートモスや硫安を
施すが一般にアルカリ性土壌の酸度
を低下させるのは酸性土壌の酸度を
上げるのに比較して難しいので石灰
質資材の過剰使用には注意が必要と
なる。

10　解答▶④　　　　　　★★

いもち病はイネ特有の病気で発生

すると食味や収量が大幅に低下する
事が知られている。また、コシヒカ
リなど食味良好品種の抵抗性が低
い。いもち病の対策は予防と防除と
もに薬剤の使用があるが、近年は広
範囲に使用されている薬剤に対する
抵抗性を持つ病原菌も報告されてい
る。病斑が菱形で中が白くなってい
るのが特徴である。

11　解答▶①　　　　　　★★

写真はイラガの幼虫であり、成虫
は蛾（ガ）である。1cm程のウズ
ラ模様の卵であり、集団でふ化した
幼虫は周辺のカキやサクラ、リンゴ
の葉を食べて成長する。幼虫はトゲ
の生えた突起があり触れると激しい
痛みに襲われる。

12　解答▶③　　　　　　★★

物理的な手段による病害虫防除方
法である。昆虫には、黄色または青
色資材に強く誘引される色彩反応が
ある。この性質を利用して粘着剤を
塗布し、誘殺する。ナス・トマトの
コナラジミには黄色のシートが効果
的である。

13　解答▶③　　　　　　　★

土の中には塩類が溶け込んでいる
が、植物に利用されなかった場合土
に蓄積され、水分の蒸発とともに土
の表層に集積し、作物の生育が阻害
される。塩類集積を改善する方法に
は、大量の水で塩類を流す方法や、
クリーニングクロップを栽培し塩類
を吸収させる方法がある。

14　解答▶②　　　　　　　★

有機質肥料は他に、魚かす、骨粉、
鶏ふん、米ぬか、木灰、草木灰など
がある。一般に有機質肥料は、化学
肥料と異なり土壌中の微生物に分解
されて肥料として有効となるため即
効性はないがその効果は比較的持続
する。また、有機質肥料は土壌中の
微生物の餌となるので、その種類が

増えるとともに分解されなかった有機物が土壌中に残ることで土壌の物理性（通気性や保水性など）が改善されるなど土壌改良材としての効果もある。

15　解答▶①　　　　　　★★
　粘土質の多い順は、しょく土＞埴壌土＞壌土＞砂壌土＞砂土の順である。粘土質が多いほど水分や肥料の保持能力が高くなる。しょく土は粘土質が25〜45％含まれるもので保水、保肥性に優れるが地形によっては暗きょなど排水対策が必要となる土質である。壌土は、土壌の粘性で中間的な土壌で粘土質が0〜15％含まれる。

16　解答▶②　　　　　　★
　ピートモスは強酸性を示す。鹿沼土も弱酸性用土である。硫安はアンモニアが吸収された後は硫酸根が残り土壌は酸性になる（生理的酸性肥料）。苦土石灰は酸度矯正のために施用される。

17　解答▶②　　　　　　★
　①は遅効性肥料、③緩効性肥料は施肥直後から肥効が緩やかに表れ、長期に持続するものを言う。そのためには粒状構造に特徴を持たせたり、水に溶けにくくする場合もある。

18　解答▶④　　　　　★★★
　写真はデュロック種の雄ブタ。デュロック種はアメリカで改良されたブタである。大ヨークシャー種及びバークシャー種はイギリス原産、ランドレース種はデンマークで改良された品種である。

19　解答▶②　　　　　　★
　①は黒と白の斑紋がある品種で、日本の乳牛の大部分を占める品種。③は肉用種。④は豚の品種である。

20　解答▶④　　　　　　★
　アニマルアシステッド・セラピー（animal assisted therapy）。動物との交流による心理療法。病院や介護施設、障害者施設などで、動物とのふれあいによる精神的影響を治療に役立てること。③はイヌなどの毛なみなどを綺麗にするもの。

21　解答▶④　　　　　　★★
　硫安は、施用された後に速やかに分解され吸収されるため速効性である。油かすは、微生物によって分解されて無機化した後に吸収されるため、遅効性肥料である。N、P、Kの合計含量が30％以上のものが高度化成肥料である。肥効が緩やかに長時間持続するものを緩効性肥料という。

22　解答▶②　　　　　　★
　日本食品標準成分表2010によれば、サツマイモのタンパク質1.2％、国産大豆35.3％、米国産大豆33.0％、国産小麦10.6％、輸入軟質小麦10.1％、輸入硬質小麦13.0％、ごま19.8％である。

23　解答▶②　　　　　　★
　一般に、タンパク質が多い小麦粉ほどグルテン含量も多く、強い粘弾性を出すことができる。強力粉・準強力粉は、生地のグルテン形成が重要な製パンに使い、中力粉はめん類の製造に使用する。薄力粉は、グルテンの形成をおさえた菓子類の製造に適する。④のデュラム粉はグルテン含量は多いが粘弾性が弱い。

24　解答▶③　　　　　　★
　トウモロコシは、穀類として人間の食料や家畜の飼料となるほか、デンプンや油・バイオエタノールの原料になる。デンプンやエタノールの材料として栽培される品種はスイートコーン（甘味種）ではなく、デントコーン（馬歯種）である。この品種は熟すと子実に含まれる糖分がほとんどデンプンに変わるため甘味が少なく通常食用にはしない。

25 解答▶②　　　　　★★
　GAP（Good Agricultural Practice：農業生産工程管理）とは、欧州で始まった農業生産における食品安全、環境保全、労働安全等の持続可能性を確保するための生産工程管理の取り組みのこと。第三者機関で定められた基準を満たす取り組みで認証される制度がある。GLOBALG.A.P や ASIAGAP、JGAP（日本発の GAP 認証制度）などの認証制度がある。①は「世界食糧農業機関」③は「危害要因分析・重要管理点」、④は「世界貿易機関」。

26 解答▶①　　　　　★★★
　②販売農家は経営耕地30a 以上又は農産物販売額50万円以上の農家、③は「農地を所有できる法人の名称のこと、④は「集落単位で、機械や施設の共同利用や作業分担などを行って農業を営む組織のことである。

27 解答▶①　　　　　★
　経営ビジョンの策定は、経営者の職能。分業の利益は、分業によって労働生産性があがること。経営継承は、家族経営等を受け継ぐこと。

28 解答▶③　　　　　★
　②～④は生物。生態系の生物部分は大きく、生産者、消費者、分解者に区分される。光合成によって最初の有機的生産を行う植物を生産者という。植物を食べる動物などを消費者という。遺体や排泄物などをえさにする菌類や微生物などを分解者という。

29 解答▶①　　　　　★★★
　2017年現在、196の国と地域等によって締約されている。条約は、生物多様性の保全、生物多様性の構成要素の持続可能な利用、遺伝資源の利用から生ずる利益の公正かつ衡平な配分を目的としている。また、特定の行為や特定の生息地のみを対象とするのではなく、地球上の生物の多様性を包括的に保全することが重視されていることや生物多様性の保全だけでなく、「持続可能な利用」を明記したことも特色である。

30 解答▶②　　　　　★
　グリーンツーリズムは農村での体験活動・交流等であり、「農泊」も同じ意味で用いられている。①集落営農は、地域の農地や農業・生活を維持していく活動、③ビオトープはため池などの生物の住む場所、④都市住民等が小さな土地を借りて農業を楽しむ農園。

選択科目［栽培系］

31 解答▶① ★★
　田植え後の水管理は活着するまでは苗が水没しない範囲で深水（特に春が寒い地域では）にして、苗を寒さと風から保護する。また、活着後は浅水にして分げつを促す。最高分げつ期のころになったら、5〜7日落水して中干しを行い、土に酸素を供給して根を健全にしたり、無効分げつの発生を抑制したり、土中の有害物質を除く管理を行うのが一般的である。

32 解答▶② ★★
　①ダイズは無胚乳種子で種子の内部の90％は子葉である。覆土は2〜3cmをめやすに行い、覆土の厚さに差が出ないようにする。差があると出芽が不揃いになる。覆土が厚いと胚軸が長く伸び、その後の生育が悪くなったり、浅いと表土の乾燥で発芽不良や鳥害を受けやすくなる。③発芽適温は25〜30℃で10℃以下では発芽不良となる。④発芽には水や酸素と温度が必要。

33 解答▶② ★★
　ジャガイモは収穫後、①氷点下になるような寒冷地では外気に触れさせず、凍害に注意して越冬させる。②の環境が貯蔵に適する。③光に当たると表皮が緑化するので、光は必ず遮断する。④貯蔵中の酸素が不足すると黒色心腐れが発生するので風通しを良くする。

34 解答▶③ ★★
　①のトマトの原産地はアンデス地方で、熱帯の高地に生育していたため、日中の高い気温と強い光を好むが35℃以上で高温障害を起す。②ナス科の植物である。③花房は本葉3枚毎につき、④開花後40〜60日で収穫する。

35 解答▶① ★★★
　写真はトマトの①葉かび病である。葉かび病は施設栽培で多発する。多湿、密植、肥料切れなどにより草勢が弱ると発生しやすい。防除対策として、抵抗性品種の導入、過度のかん水や密植を避ける、施設内の湿度を下げる、適用のある薬剤を用いて防除する。②ウイルス病の代表はモザイク病で症状としては葉が縮れる。③疫病は病斑上に白色のかびを生じ、乾燥すると破れやすくなる。④灰色かび病は地上部のあらゆる部位に発生するが、特に果実の被害が最も大きい。

36 解答▶④ ★★★
　写真は④コナガの幼虫である。幼虫は葉の表皮を残して葉肉部を食害する。薬剤抵抗性が発達しやすい害虫として知られている。薬剤抵抗性の発達を回避するため、同一系統の薬剤の使用は避け、ローテーション散布を行う。

37 解答▶② ★★
　①植え付けは地温が18℃以上の時期に活着が良い。③斜め植えはマルチ栽培では作業が早い。④水平植えは塊根数を確保しやすく、サイズがそろう。

38 解答▶③ ★★★
　田土は粒子が最も小さい粘土でできているため、気相の割合は最も小さい。

39 解答▶③ ★
　キュウリはつる割れ病対策や低温期の根の伸びをよくし、またブルームレスキュウリを作るためにつぎ木苗が使われる。

40 解答▶① ★★
　さし芽はさし穂を採取した後、30分ほど水に浸し、葉は3枚ほど残して、排水のよい清潔な用土にさす。④さした芽は、よしずや寒冷紗で7

日間ほど日よけをする。

41 解答▶② ★★★
　チューリップは秋植え球根、パンジーは夏～秋まき一年草、キクは宿根草である。

42 解答▶② ★
　秋から冬の花壇や寄せ植えに用いられるのは、耐寒性をもつハボタンである。アサガオ、ヒマワリ、ニチニチソウは春まき一年草なので、秋から冬の花壇には用いない。

43 解答▶② ★★★
　サルビアはブラジル原産の一年草で耐寒性はあまりない。シソ科の草花である。

44 解答▶③ ★★
　カーネーションは宿根草、ファレノプシスはラン類、インパチェンスは春まき一年草、グラジオラスは南アフリカ原産で球根類に分類される。

45 解答▶② ★
　黒マルチは雑草抑制、土壌水分保持、地温上昇等の効果がある。①雨（水滴）は通さないが、土壌からの水蒸気は通す通気性のあるマルチがあり、ウンシュウミカンなどで利用される。③アブラムシの発生の軽減に適するのはシルバーマルチである。④地温を低下させる特殊なポリマルチもあるが、基本的には刈草やワラなどをマルチした場合に地温低下が見られる。

46 解答▶① ★★★
　ブルームはブドウなども含め、果実の表面にある白い果粉（主成分はケイ酸）である。ブルームの役割は、果実を病気から守り、水分の蒸散を防ぎ、鮮度の保持を良くすることである。しかし、キュウリでは農薬等と間違われたりして、ブルームの無いもの（ブルームレス）を消費者が求め、現在はほとんどがブルームレ

スとなっている。

47 解答▶④ ★
　①は発育枝をつけ根から取り去る作業。②は成長しつつある発育枝の先端部を摘み取る作業。③は花が咲く前のツボミの時に、ツボミを摘み取る作業のことである。

48 解答▶④ ★★
　写真はビワである。果樹を樹の性質で分類すると、ビワは常緑果樹に分類される。常緑果樹には、ビワ以外にカンキツ類、オリーブおよび熱帯果樹などがある。

49 解答▶② ★★
　写真はリンゴの開花である。リンゴは国内の代表的な落葉果樹の一つであり、ナシと同様に仁果類に分類される。

50 解答▶④ ★★
　酸性土壌に強い作物にはジャガイモやスイカなどがある。

選択科目［畜産系］

31 解答▶③ ★★

　ニワトリは、エサと一緒に食い込んだ小石（グリット）を筋胃の中にたくわえておき、これを使って飼料をすりつぶしている。

32 解答▶② ★★

　転卵は自然ふ化の場合、雌鶏があしやくちばしで行う。ふ卵器では一定時間ごとに自動で1日10回程度行われる。これは胚が卵殻膜にゆ着しないようにするためと、卵に温度や湿度をまんべんなく与えるためである。

33 解答▶④ ★★

　エストロゲン（雌性ホルモン）は肝臓に作用して卵黄成分の合成を促進したり、卵管の発達や卵殻形成を促進させたりする。プロゲステロンは黄体ホルモン、アンドロゲンは雄性ホルモン、下垂体後葉ホルモンのバソトシンは子宮から放卵を促す。

34 解答▶③ ★★

　ひなの選別にあたっては、活力があり、からだが小さ過ぎず、へそのしまりがよいもの、奇形や異常のないもの、羽毛の成長が順調なもの、などを選ぶ。初生びなの体重は平均35g である。

35 解答▶② ★★

　食鶏の分類では、3か月齢未満のものを若鶏という。3か月齢以上5か月齢未満の食鶏を肥育鶏、5か月齢以上の食鶏の雌を親雌、雄を親雄と呼ぶ。肉用鶏（ブロイラー）は、早いもので6週齢、通常は8週齢くらいで出荷される。

36 解答▶① ★★

　マレック病はウイルスが原因で起こる。おもに120日齢未満のものに発生し、空気・羽毛・敷きわらから感染する。症状は呼吸困難・緑便・全身まひ・貧血・発育不良や内臓に腫瘍が形成されることもある。死亡率は3～50%である。予防にはワクチンの接種を行う。

37 解答▶③ ★

　「L」はランドレース種、「B」はバークシャー種、「H」はハンプシャー種、「Y」は中ヨークシャー種の略号である。大ヨークシャー種はラージホワイトと呼ばれることから、略号はホワイトの頭文字をとって「W」である。

38 解答▶① ★★★

　（ア）子宮角、（イ）卵巣、（ウ）子宮体、（エ）ぼうこうである。卵子と精子の受精部位は卵管で、受精卵の着床・胎子の発育が行われる部位は子宮角である。

39 解答▶② ★

　①は豚などが単胃動物である。③は第4胃についての説明。④は第2胃についての説明である。第1胃、第2胃のことを反す胃という。

40 解答▶③ ★★★

　アバディーンアンガス種の原産地はイギリスのスコットランド北東部である。アバディーンアンガス種の特徴は、被毛は短く全身黒色で雌雄ともに無角である。放牧による増体も優れている。無角和種の作出に用いられた。

41 解答▶③ ★★★

　乳牛の泌乳期間は、305日程度である。この間の乳量を305日乳量（目標数値）と呼ぶ。

42 解答▶④ ★

　発情とは、雌が雄を交配のために許容する行動である。日本の酪農経営では種雄牛による自然交配はほとんどなく、凍結精液を用いた人工授精によって交配を行う。

43 解答▶① ★

　品種によっては角がないウシもい

るが、雌牛も雄牛も角が生える。一般的に乳牛として飼育されている雌牛は、除角している。反すう動物は、上あごに切歯がない。胃は第1胃から第4胃までで構成される。

44　解答▶④　　　　　　　★
写真の器具はウシに給水する装置である。

45　解答▶①　　　　　　★★
尻長で「きゅうちょう」と呼ぶ。

46　解答▶②　　　　★★★
①は多胎で雌雄の胎子が共存するときに起きる雌の生殖器異常のこと。③は寄生虫が原因の病気。④も代謝病であり、乳熱とも呼ばれる。分娩等が原因であるが、体内のカルシウムが乳汁中に急速に移行し、体温低下、起立不能になる病気である。

47　解答▶②　　　　　　★★
バンカーサイロは、3面がコンクリート製などの壁になっていて、傾斜面や平地に設けた箱型のサイロである。①は垂直・塔型のサイロであり、③はロールベールにしてラップフィルムで覆うサイロ。④は地上に材料を堆積させ上をシートで覆うサイロ。

48　解答▶①　　　　　　★★
②トウモロコシ等の穀類は消化される成分の含量が高く濃厚飼料の一種である。③牧草は粗飼料の一種であり成分含量は比較的少ない。④牛は反すうを行うため粗飼料が重要になる。

49　解答▶③　　　　★★★
ワクチンの種類には不活化ワクチンと生ワクチンがある。不活化ワクチンは死んだ病原体の細胞などを原材料として作られたもので、生ワクチンは毒力を弱めた病原体を生きたまま接種するワクチンのことをいう。

50　解答▶②　　　　　　　★★
$225 \div (107 - 32) = 3.0$

選択科目［食品系］

31　解答▶②　　　　　★

　食品はそのままの形で長期間にわたって品質を保つのは困難である。そのため、食品素材を乾燥・塩漬け・ビン詰・缶詰・冷蔵・冷凍など、さまざまに加工して貯蔵性を高める工夫を行ってきた。貯蔵性がよくなることにより、腐敗によるむだや危険性を少なくすることが可能になる。

32　解答▶①　　　　　★

　糖質には果実に含まれる①のブドウ糖、はちみつに多く含まれる果糖、砂糖として利用されるショ糖、穀類やいも類に多く含まれるデンプンなどがあり、消化・吸収されて、主にエネルギー源となる。②のセルロース・ペクチン・③のグルコマンナン・④のアルギン酸はほとんどエネルギーにならないが食物繊維として、消化管の働きを助ける。

33　解答▶③　　　　★★

　③の再商品化とは、市町村により分別収集されたガラスびんやペットボトルなどを原材料や製品として他人に売れる状態にすること。再処理事業者は再商品化を行うことが役割となっている。消費者の役割として①分別排出、市町村の役割として②分別収集。

34　解答▶①　　　　　★

　食品の加工工程で毛髪が混入するのを防止するため、①の作業時に帽子や頭巾を着用する。微生物による食中毒を防止するため、②の食品の中心部分が1分以上75℃になるように加熱する、③の材料ごとにまな板と包丁を変える、④の冷凍保存は−15℃以下とするなどが要件になる。

35　解答▶④　　　　　★

　食品表示の目的には、食品表示の目的には消費者が食品を購入するときに必要な④の情報を提供する。食品衛生上の事故があった場合に④の責任の所在を明らかにし、速やかな対応を行う。賞味期限・消費期限などを表示することで衛生管理を徹底するなどがある。

36　解答▶①　　　　　★

　経口感染症とは、感染性の強い、赤痢・コレラ・腸チフスなどの病原体が、飲食物や手指などを通して体内に入って引き起こす感染症のこと。②は寄生虫症、③はじんま疹・湿疹・嘆息・腹痛などを発症するアレルギー、④は感染型食中毒である。

37　解答▶③　　　　★★

　①は野菜の生食。②はイカ・サバの生食。④はサワガニ・ザリガニの生食である。寄生虫症は、魚介類や野菜を生食することが多い日本では、寄生虫卵に汚染された野菜・魚介類・食肉などの摂取による感染の機会が多い。トキソプラズマ回虫・アニサキス・吸虫類・条虫類などの寄生虫が知られている。

38　解答▶④　　　　　★

　④のプラスチックは透明、軽量、酸・アルカリに比較的安定という利点があるが、強度が低く、気体の通過を完全に遮断できないという欠点がある。①のガラス容器は化学的に安定だが、重量が重い特性がある。②の金属容器は透明ではないが酸・アルカリに比較的安定、気体の通過を完全に遮断できるという特性がある。③の紙はプラスチックを貼ることで、透明ではないがプラスチックと同等以上の利点が得られている。

39　解答▶④　　　　　★

　①のパン類は、酵母の発酵により生地を膨らませる。②のシュークリームは、シューペーストの水分を高温加熱して出る蒸気で膨らませる。③のビスケットは、膨張剤によって

膨らませたものである。小麦粉の加工は、非常に歴史が古く、その加工法は世界各地でさまざまである。日本の小麦粉の用途別生産割合は、パン用が最も多く、めん類・菓子用と続いている。

40　解答▶④　★★★
トウバンジャンは、吸水させた脱皮ソラマメを蒸さずにこうじとし、塩漬けにして発酵させたものである。①落花生は豆菓子やキョコレート菓子などの原料として利用されている。②は和菓子に使用するあんに用いる。③は青・赤・白の3種類がある。未熟の青豆がグリーンピースで煮豆に、赤褐色のものはみつ豆やゆで豆に、白色のものは製あんなどに用いられる。

41　解答▶①　★★★
こんにゃくの原料は、コンニャクイモである。これは、サトイモ科の多年生植物を3～5年栽培し、収穫した球茎である。コンニャクイモに含まれるグルコマンナンは、吸水性が大きく、アルカリ性になると凝固する。この性質を利用して①の石灰水を使用してこんにゃくを製造する。

42　解答▶④　★★★
①千枚漬（京都府）はカブ、②野沢菜漬（長野県）はノザワナ、③つぼ漬（鹿児島県）はダイコン、④守口漬（愛知県）はダイコンが原料野菜として用いられ、収穫後直ちに塩漬けにし、脱水した後に酒粕に何度も漬け込まれ、2年余りかけてじっくりと熟成させる。

43　解答▶③　★★
酒石酸は、酸味のある果実、特にブドウに多く含まれている有機化合物である。①のリンゴは、リンゴ酸量が、70～95％含まれている。②の温州ミカンは、クエン酸が90％。③

のブドウは、酒石酸が40～60％。④のパイナップルは、クエン酸が85％含まれている。

44　解答▶①　★★
肉の加工では肉の保水性と結着性を高めるために塩が用いられる。加工後にどれだけ水分を保てるかを示す能力が保水性、肉に水や脂肪などを加えて練り合わせたさい、各原料が互いに接着する性質を結着性という。ひき肉に塩を加えて、練ると、肉のタンパク質が溶けて、細かい糸状の構造から網目状の構造となり、肉のうまみを閉じ込め、独特の食感を形成する。

45　解答▶④　★★
味噌・しょうゆは、かび・酵母・細菌が関わらないと製造できない食品である。①のテンペは、細菌とかび。甘酒は、かび。②の納豆は細菌。塩辛は、細菌など。③のビールとワインは、酵母が関わる。

46　解答▶④　★★
果実中の赤色や黄色の色素は、カロチノイドやアントシアンである。①タンパク質や脂質は少ない。②果実中の酵素の作用で、風味や色調に変化が現れる。③成熟にともなって糖分が増加し、有機酸は減少する。

47　解答▶④　★★
①のエメンタールチーズや②のゴーダチーズは細菌熟成、③のカマンベールチーズはかび熟成である。イタリアの④のモッツァレラチーズは熟成しないフレッシュチーズであり、本来、水牛の乳を原料としてつくられるが、牛乳で代用したものもある。

48　解答▶③　★★
卵白は、90％近くが水分で、残りは主にタンパク質を約10％含んでいる。この卵白が古くなると濃厚卵白が減少し、水様卵白が増加する。ま

た、卵殻の気孔を通し、空気や水分が入れ替わり、古い卵ほど内部の気室が大きくなる。

49 解答▶② ★★★

①はクリームをバターチャーンに入れ、激しく攪拌して、クリーム中の脂肪をバター粒子に変える。②はバター粒子を集めて、均一に練り合わせる。食塩や水分を均一に分散させ、安定した組織のバターを形成する。③は冷水を加え、バター粒子の表面に付着しているバターミルクを洗い流す。④は殺菌・冷却されたクリームを5℃前後のタンクで8〜12時間、低温保持する。

50 解答▶④ ★★★

HACCPとは、危害分析重要管理点（Hazard Analysis and Critical Control Point）の略で、原材料から製品製造や出荷までの各工程で、重要管理点を定め、危害の発生を防止する手法である。①・③は、国際標準化機構（ISO）のことで、国際的に通用する規格や基準を制定している。②は、従来の手法である。

選択科目［環境系］

31 解答▶① ★★

木材価格の低迷等で管理が放棄された森林の増加が目立っており、土砂災害防止等の森林の公益的機能の発揮が危ぶまれている。②日本の森林率は約70％であり先進国の中では第3位となっている。③日本の人工林率は約40％と世界第2位（2010年）であり、豊かな森林を有している。④森林の蓄積量は年々増加しており、利用拡大が望まれている。

32 解答▶④ ★★

①樹木は大気中の二酸化炭素を取り込んで光合成をしている。②大気中の二酸化炭素を吸収・固定している。③樹木を構成する有機物の主な成分は炭素。

33 解答▶④ ★

求心器の下部に取り付けて、平板上の点と地上の測点の位置を一致させる器具で、下げ振りという。

34 解答▶① ★★★

造園は土木や建築など多くの分野と関連しており、土木や建築の記号表示を準用することが多い。図は水である。

35 解答▶① ★★

東京都千代田区永田町1丁目1番2地内である。この水準点の高さが、全国各地の標高のもとになっている。東京湾平均海面上を0mとして、標高24.39m。

36 解答▶④ ★★

水準測量の誤差には、器械誤差、自然誤差、個人誤差がある。鉛直とは糸の先に重りを垂らしたときの、糸の方向。①は器械誤差。②③は自然誤差。誤差への対応は、標尺を前後に傾け最小目盛を読み取る。

37 解答▶② ★

ブナは、落葉広葉樹で日本の温帯

林を代表する樹木。樹皮は灰白色で
きめ細かい。世界遺産に登録された
白神山地のブナ林など天然林として
残っている。

38　解答▶④　　　　　★★
　目標物を視準する地点より、視準
孔から視準糸を見通し方向を定め
る。

39　解答▶④　　　　　★★★
　①寸法補助線…細い実線。②中心
線…細い一点鎖線。③切断線…細い
一点鎖線。

40　解答▶②　　　　　★★★
　①辺の長さ寸法。③角度寸法。④
弧の長さ寸法。

選択科目［環境系・造園］

41　解答▶①　　　　　★★
　葉の形が特徴的で扇形である。陽
樹。新葉や秋の黄葉が美しい。街路
樹に多く用いられ、雌雄異株。種子
（ギンナン）は食用とするが実には
悪臭があるうえ触れるとかぶれるこ
とがあり、雄木の植栽が増加してい
る。

42　解答▶④　　　　　★
　公園設計コンペに入賞したオルム
ステッドらの自然風の都市公園であ
る。この公園の特徴は、建物周辺以
外は自然風景を保存し、中心には広
い芝生や建物を置き、周辺部の植栽
には、その土地の植物を使用すると
いうものであった。

43　解答▶④　　　　　★★
　17世紀にはいり江戸時代になる
と、江戸屋敷の邸内や自国の城内な
どにそれまでの造園様式の要素を組
み合わせ、それらを園路でつなぎ、
池、築山、茶室、四阿（あずまや・
東屋）など歩きながら移り変わる景
観を鑑賞するように作られた。

44　解答▶②　　　　　★★
　都市公園法では「主として街区内
に居住する者の利用に供することを
目的とする公園で、誘致距離250m
の範囲内で1カ所当たり面積
0.25haを標準として配置する」と
されている。

45　解答▶①　　　　　★★
　チョウ目ドクガ科の昆虫。ツバキ
類、サザンカ、チャノキ等に時々異
常に発生する。幼虫は頭部をそろえ
横に並んで食害し、毒毛がありこれ
に触れると激しいかゆみや発疹等の
症状が出る。

46　解答▶④　　　　　★★★
　日本の寸法は1尺（30.3cm）を基
準としており、竹垣の制作での柱と

柱の間隔は180cm 6尺（1間）である。日本建築でも柱と柱の間は1間（正確には1.818m）である。また、畳の寸法基準は、3尺×6尺（1間）である。

47 解答▶② ★★
ある区域を真上から見て、植栽や施設などの位置を正確に表示する図面。施工者が担当部分の位置と隣接部分との関連を確認するために重要な役割をもつ図面。

48 解答▶① ★★★
石灯籠の種類はたくさんあるが、上部の部位より宝珠、笠、火袋、中台、竿、基礎などの構成部分が春日灯籠のようにそろっているものを基本形、構成部分を省略したものを変化形、最初の作者名をとった人名系などに大別することができる。

49 解答▶② ★
同じ部分から対になって葉が出る。①茎の一つの部分から一枚の葉が出る。③種子を播いて発芽させて育成する繁殖方法。④一定の部分から輪になるように並んで葉が出る。

50 解答▶③ ★★
八つ掛けをする余地の少ないところ、交通の妨げとなる場合などに用いられる。①八つ掛けは高木で植栽の敷地が広い場合に用いる。②布掛けは寄せ植えや、一直線状に植栽する場合に、丸太や竹を地面より3分の2位の位置で水平に渡し連ねて結束する方法。④脇差しは傾いた樹木などを1本の丸太などで斜めに取り付ける方法である。

選択科目
［環境系・農業土木］

41 解答▶① ★
②混層耕の説明、③心土破壊の説明、④不良土層排除の説明。

42 解答▶③ ★
作土をいったん取り去り心土を突き固めてから作土を敷きなおす方法と、作土の上からそのまま固める方法がある。

43 解答▶① ★★★
②最小化の説明、③軽減／除去の説明、④代償の説明。

44 解答▶④ ★★★
①事業実施範囲からの除外、②工種の選定制限による工事、③環境の回復等を目的とした工事。

45 解答▶③ ★
$R_A = 10 \times 8 / 10 = 8N$
$M_C = 8 \times 2 = 16N \cdot m$

46 解答▶② ★★★
①ポアソン比…軸方向のひずみと軸と直角方向のひずみとの比、③弾性範囲における応力とひずみの比例関係を表す係数、④ある範囲内であれば軸方向応力とひずみは比例の関係。

47 解答▶④ ★
力の3要素は、力の大きさ、力の向き、力の働く点（作用点）である。

48 解答▶③ ★★★
$Q = A \times V \quad V = Q / A$
$V = 0.016 / 0.04 = 0.4m/s$

49 解答▶④ ★★★
①粘土0.005mm以下、②砂0.075mm～2.0mm、③礫2.0mm～75mm

50 解答▶③ ★★
静水圧におけるパスカルの原理についての説明。

選択科目〔環境系・林業〕

41　解答▶④　　　　　★

　私たちは森林からさまざまな恩恵を受けており、これを総合して「森林の公益的機能」という。①土砂流出防止機能、②水源かん養機能、③地球温暖化防止機能。

42　解答▶④　　　　　★★

　森林法では、特定の公共的な役割をもつ森林を保安林としている。①保安林の面積で一番多いのは水源かん養保安林であり、7割以上を占める、②保安林の面積は年々増加している、③保安林の種類は17種類に上る。

43　解答▶①　　　　　★

　②戦後日本はスギ、ヒノキ等を植栽し人工林化を進めた、③南北に長い日本列島では、気温等気候の違いによって森林が変化する（水平分布）、④標高によって植生が変化する（垂直分布）。

44　解答▶①　　　　　★★

　林木を伐採した跡地に次世代の林木を育てることを更新という。②人の手によって苗木を植えたりして次世代の森林を育てること、③20年生くらいのナラ類などの広葉樹を伐採し、切り株から発生させる更新。

45　解答▶②　　　　　★

　①一度消滅した後に再生した森林は「二次林」である、③木材生産のためなど人の手でスギ、ヒノキなどを植林した森林は「人工林」である、④天然林の説明。天然林は人間活動の影響をほとんど受けない森林。

46　解答▶①　　　　　★★

　コナラは伐採後、萌芽更新が可能な樹種で主にシイタケ原木に使われている。②はアカマツやクロマツ、③はスギ、④はヒノキ。

47　解答▶③　　　　　★★★

　森林経営管理法により、適切に管理されていない森林は、市町村が森林所有者から経営管理を委託され、その森林のうち、林業経営に適した森林は、意欲と能力のある森林経営者に再委託される。林業経営に適さない森林は市町村が自ら管理する。

48　解答▶①　　　　　★★★

　木材生産のための作業の順序として、まず樹木を伐採し、枝払いや玉切りを行う（造材）。3mなどに玉切りした木材をフォワーダ等により土場まで集めて（集材）、運搬車に積み込み、森林から運び出す（運材）。

49　解答▶④　　　　　★★

　樹木の太さは地面から1.2mの位置（胸高）での直径（胸高直径）を輪尺により測定する。測竿は、樹木の高さ（樹高）を測定する機器。

50　解答▶③　　　　　★★

　図はタワーヤーダで架線を使って集材する自走式機械。ハーベスタは立木の伐倒、枝払い、玉切り、集積を一貫して行う。運材とはトラック（運搬車）により木材を市場や製材工場へ運ぶこと。

2019年度 第2回 日本農業技術検定3級　解説

（難易度）★：やさしい、★★：ふつう、★★★：やや難

共通問題 ［農業基礎］

1　解答▶①　　　　　　　★★

生物の活動が昼の長さ（明期）と夜の長さ（暗期）の変化に応じて生物が示す現象を光周性といい植物だけでなく昆虫の休眠など動物でもみられる。光周性により植物を分類することがある。長日性植物：一日の日長が一定時間（限界日長）より長くならないと花芽形成ができない（アブラナ、ホウレンソウ、コムギなど）。短日性植物：一日の日長が一定時間（限界日長）より短くならないと花芽形成ができない(アサガオ、キク、コスモスなど)。中性植物：花芽の形成に一日の日長（暗期）が影響されない（トウモロコシ、キュウリ、トマトなど) この性質を利用して開花時期を調節することをそれぞれ短日、長日処理という。

2　解答▶④　　　　　　　★

マルチフィルムには、透明、黒色、銀黒、銀、緑等各種ある。それぞれ光の透過率による地温上昇効果や雑草の抑制効果が異なる。また、害虫忌避効果を目的としたものもある。黒色は光の透過率が約1％で雑草の抑制効果が高いが地温上昇効果は透明に劣るので地温が低下していく秋冬野菜の露地栽培では透明フィルムが適する事が多い。作目や栽培方法に応じた種類を使用する事が大切である。

3　解答▶①　　　　　　★★★

①ナス科に属する作物・野菜（ナ

ス、トマト、ジャガイモ）の組み合わせ。②サツマイモは、ヒルガオ科、③キュウリは、ウリ科、④スイートコーンは、イネ科。

4　解答▶②　　　　　　　★

写真はダイコンの発芽と収穫時の写真である。ダイコンはアブラナ科に属し、ハクサイ、キャベツなどもアブラナ科に属する。

5　解答▶②　　　　　　　★

肥料袋に記載されている「10-12-8」は、順に「窒素、リン酸、カリ」の成分量（％）を示す。肥料10kg当りの窒素成分量は10kg×10％＝1kgなので、10aの畑に成分量で10kg施すには、その10倍の100kgの肥料を施せばよい。

6　解答▶③　　　　　　　★

①は光合成、②は呼吸のはたらき。蒸散は、日中水分が不足し、作物がしおれるような状態の時は葉の気孔を閉じ、気体の出入りがおこらなくなり、光合成にも支障をきたす。光合成と蒸散には密接な関係があるため、湿度や水分の管理は適切に行う必要がある。

7　解答▶③　　　　　　★★

写真はECメーターであり、電気伝導度から土壌中の肥料濃度がわかる。EC（電気伝導度）は、土壌中の水溶性塩類の総量を示し、塩類濃度を（mS/cm：ミリジーメンス）で表し土壌中の硝酸態窒素含量を推定できる。土壌中に硝酸態窒素が多いと、pHが低下して塩基成分が溶出しやすくなるためECが高くなり土

– 38 –

壌中に過剰な肥料が施されたと判断でき塩類障害を生じやすくなるのでECを高めすぎない施肥管理が重要になる。また、ECが低すぎると土壌中の肥料成分が不足していると判断できる。

8　解答▶②　　　　　　　★

　植物の成長に必要な元素を必須16元素と呼ぶが、その中で多量に必要な以下の元素を10大元素（多量元素）と呼ぶ。窒素（N）、りん（P）、カリウム（K）、酸素（O）、水素（H）、炭素（C）、カルシウム（Ca）、マグネシウム（Mg）、硫黄（S）鉄（Fe）。そして、多量ではないが、不足すると生育障害等が生ずる以下の元素を微量元素と呼ぶマンガン（Mn）、ほう素（B）、亜鉛（Zn）、モリブデン（Mo）、銅（Cu）、塩素（Cl）。また、けい素（Si）、ナトリウム（Na）は植物の成長を助ける元素で有用元素という。＊近年は多量元素のうち鉄（Fe）を微量元素とする考え方もある。

9　解答▶②　　　　★★★

　有機質肥料は微生物によって分解され、無機化されてから吸収される。したがって肥効が表れるのに時間がかかる。有機質肥料の大きな特徴は、施肥効果だけではく投与することで有機質肥料は土壌中の微生物により分解され無機化して肥料として機能する。その際、副産物として微生物が分泌した物質や分解されなかった有機物が土壌の団粒化を促進する「土壌改良効果」である。有機質肥料は土壌の保水性や透水性の改善に効果がある。

10　解答▶③　　　　　★★

　ロードアイランドレッド種は卵肉兼用種。茶褐色の体毛で卵も赤い。アメリカのロードアイランド州で品種改良されたニワトリ。標準で年間200個以上を産卵するといわれてい

る。日本国内での飼育数少ないが品種改良の交配親として利用され比内地鶏の雌親として知られている。

11　解答▶③　　　★★★

　「Y」は中ヨークシャー種、「B」バークシャー種、「W」は大ヨークシャー種、「D」はデュロック種、「L」はランドレース種である。

12　解答▶①　　　　　★

　反すうとは、一度飲み込んだ食べ物を再び口の中に戻して、再咀嚼（そしゃく）することをいい草食動物であるウシ、ヤギ、ヒツジなどが反すう動物である。反すう動物の最大の特徴は、四つの胃（第一胃、第二胃、第三胃、第四胃）を持つことである。第一胃は、ルーメンと呼ばれ、多種多様な微生物が生息しており咀嚼した繊維質の約50〜80％が分解される。同じ草食動物のウマ（胃が一つ後腸発酵動物）にも同様の微生物が盲腸に生息しているが、繊維質の分解率は30〜50％といわれ反すう動物の分解率の高さがわかる。

13　解答▶③　　　　　★★

　繁殖行動が活発になる季節を繁殖季節という。繁殖季節のある動物を季節繁殖動物といい、ウマ、ヤギ、ヒツジが含まれる。また、繁殖季節がない動物を周年繁殖動物といい、ウシやブタが含まれる。季節繁殖動物の生殖腺の活動は，繁殖季節が終わると低下し、次期まで停止する。一般に家畜化された動物は、生息環境の季節変化が小さくなり繁殖能力の高い個体が人為的に選抜されるので繁殖行動の季節性は次第に低下していくことが多くなり繁殖可能期間が長くなる。

14　解答▶②　　　　　　★

　主に肉類中にはアクトミオシン、大豆中にはグリシン、乳中には、カゼインなどのタンパク質が含まれて

いる。体内に摂取したタンパク質は、消化されアミノ酸となって、筋肉や皮膚・血液・酵素などに再構成される。

15 解答▶④ ★★★

①のグリコーゲンは、肉類に含まれる多糖類、ショ糖類などが該当する。②果実中の水分は80〜90％である。③の果実の赤色〜黄色を示す色素は、カロチノイドとアントシアンである。クロロフィルは、緑色である。

16 解答▶③ ★★★

我が国で生産されているジャガイモの約35〜40％はデンプン原料用で、片栗粉として家庭料理で利用されるほか、かまぼこなどの水産練製品や製紙製造の添加物として利用されている。

17 解答▶① ★★

デンプンや小麦粉より粒子が大きく、水でこねても粘りが出にくく、独特の歯ごたえがある。柏餅・団子などに加工される。②は白玉粉。③は乳児粉、④は道明寺粉。

18 解答▶③ ★★

写真はカメムシであり、春から秋にかけてダイズなど様々な植物の子実を吸汁し、収量や品質を低下させる。

19 解答▶④ ★

写真は赤色防虫ネットによる④物理的防除法である。赤色のネットは、アザミウマ類（スリップス）などの微小な害虫には、赤色光の波長が認識できず、黒い障壁に見えるため、侵入しづらくなると考えられている。

20 解答▶① ★★★

キュウリのべと病は、①糸状菌によって起こり、伝染性の病気である。糸状菌とは、一般的には「かび」と呼ばれ、病害の8割は「糸状菌」が

原因だと言われている。

21 解答▶③ ★★

写真はカヤツリグサ。水田や畑地など本州から九州にかけて広く分布し比較的湿地を好む。草丈30〜50cm程度の一年草で繁殖力が極めて旺盛で除草後の残根からも萌芽して繁殖する。駆逐困難な雑草の一つである。

22 解答▶④ ★★

種子の発芽には温度、水、酸素の三条件が必要である。発芽しないように保存するには、暗く、冷たく、乾燥した冷暗所で、種子袋を密閉して保存すると良い。冷蔵庫はこの条件に適する。

23 解答▶① ★★

緑肥とは収穫が目的でなく、植物を土中にすきこみ、肥料としたり、土の構造が良くなるために栽培するものである。その中で、マメ科植物は根に共生する根粒菌が大気中の窒素を土中に取り入れるため、土が肥沃となる。マメ科の緑肥としてはクローバー、レンゲなどが有名である。

24 解答▶③ ★★

一般に、クリーニングクロップとは、土壌中の肥料成分（塩類濃度）が高いとき、塩類を吸収するために栽培される作物をいう。トウモロコシやソルガム等イネ科の生育旺盛で高い吸肥性をもつ作物が使われることが多い。クリーニングクロップとして栽培する場合は、畑にすき込むのではなく、刈り取って外に持ち出さなければならない。

25 解答▶④ ★★

「中食」は、レストラン等へ出かけて食事をする「外食」と、家庭内で手づくり料理を食べる「内食」の中間にあって、市販の弁当や総菜、家庭外で調理・加工された食品を家庭や職場・学校等で、そのまま（調理

加熱することなく）食べること。

26　解答▶④　　　　　★★★
　固定資本は、一年以上の長期にわたって繰り返し農業生産に利用される資本。流動資本は一回の農業生産（一年以内の短期間）で利用されつくされる資本。

27　解答▶②　　　　　　★★
　第2種兼業農家は、世帯員のなかに兼業従事者が1人以上おり、かつ兼業所得が農業所得よりも多い農家。専業農家は、世帯員のなかに兼業従事者が1人もいない農家。準主業農家は、農外所得が主で、1年間に60日以上農業に従事している65歳未満の者がいる農家。

28　解答▶③　　　　　　★★
　生物が体内に取り込んだ多くの物質は、いずれ代謝によって体外に排泄される。しかし、有機塩素化合物や有機水銀化合物、ふぐ毒の原因物質は、いったん体内に取り込まれるとほとんど体外に排泄されずに、長期にわたって体内に蓄積される。体内に蓄積された物質が食物連鎖によって上位の捕食者に移動していくと、上位の捕食者ほど蓄積した物質の濃度が高くなっていく。このような現象を生物濃縮という。有害物質が食物連鎖の高次消費者（ヒト）に蓄積され被害となり社会問題となったこともあった。

29　解答▶①　　　　　　　★
　バイオマスとは、生物の資源（bio）の量（mass）を表す概念で生物に由来する資源を意味する。バイオマスを用いた燃料は、バイオ燃料、エコ燃料と呼ばれる。バイオマスの特徴はカーボンニュートラルであることで地球温暖化の原因物質である二酸化炭素を増加させない。また、再生可能エネルギーであることである。

30　解答▶④　　　　　　　★
　①農協や社会福祉法人の取組もある。②農業経営者も直接雇用できる。③加工・販売分野での取組も多い。

選択科目［栽培系］

31 解答▶① ★★★
種皮が硬いため、一晩水に浸すことで発芽しやすくなる種子は硬実種子である。アサガオ、スイートピーなどは硬実種子である。

32 解答▶④ ★★
根に感染した根粒細菌が根粒を形成し、空気中の窒素を取り込んで固定するので、マメ科の植物は少ない窒素施肥で栽培することができる。また、マメ科作物を栽培した後の圃場で栽培された作物は、生育が良い傾向になる。

33 解答▶③ ★
ダイズは播種後7日くらいで地上に子葉が出る。その後、子葉の向きとほぼ直角に2枚の初生葉が対生して発生する。初生葉の発生から7〜10日後には3枚の小葉からなる複葉が互生で2〜3日に1枚の割合で発生する。

34 解答▶④ ★★
イネの小穂は①やく、②柱頭、③内えい、④子房のほか、護えい（包えい）、外えい、りん皮、小穂軸、小枝こうなどから成っている。

35 解答▶③ ★★
①はジニア、②はペチュニア、④はトルコギキョウである。

36 解答▶④ ★
ヒマワリはキク科であるが大粒の硬実種子である。

37 解答▶③ ★★★
写真の花はダリアであり、球根の基部にクラウンを有する。

38 解答▶④ ★★
アザレアは春、シロタエギクは秋、カンナは夏の季節に咲く。カーネーションは温度と日照が与えられれば年中開花可能である。

39 解答▶④ ★★★
ネクタリンは果皮に産毛（うぶげ）がなく、スモモのような外見であるが桃である。①の西洋スモモはプルーンであり、②のスモモは漢字では李と書く。③は皮ごと食べる小さなカンキツである。

40 解答▶② ★★★
ナシやリンゴは収穫時に手で軽く斜め上方に持ち上げるようにすれば、果柄（かへい、軸）が外れて収穫できる。収穫は簡単であるが、風によって揺れると落果するため、ナシでは棚栽培が行われている。

41 解答▶③ ★
芽かきは、新梢を枝のもとからかき取る作業。摘心は成長しつつある新梢の先端をつみ取る作業。摘らいは花が咲く前のツボミをつみ取る作業のことである。摘果は、商品性の高い果実生産と毎年安定した収量を確保するうえで大切な作業である。

42 解答▶① ★★
ポストハーベスト技術とは収穫後に収穫物に対して行われる、キュアリングや追熟処理などの技術である。

43 解答▶④ ★★
リンゴ、カボチャ、スイカは他家受粉を行う植物。

44 解答▶① ★★
写真はニホンナシの開花と結実である。ナシは国内の代表的な落葉果樹の一つで、台風による落果を防ぐ目的で棚栽培が行われている。

45 解答▶② ★★
①はキウイフルーツ、②はウンシュウミカン、③はウメ、④はリンゴである。ウンシュウミカン以外は、すべて冬季に葉が落葉する落葉果樹である。

46 解答▶① ★★★
トマトは多くの花が集まって着生

しているため、花房という。一般には第7～9葉の付近で、主茎から直接、花房として発生する。その後は、3葉ごとに花房がつく。栽培法によって異なるが、数花房着生すると、それ以後は摘心によって止める。また、側枝にも同じように花房がつく。

47 解答▶② ★★
　Aは雄穂である。トウモロコシは雌雄異花であり、雄穂から花粉が飛散し、雌穂の先端につき受精する。

48 解答▶④ ★★
　F₁品種は両親よりも生育が旺盛で、形質が優れ、個体がよくそろう場合が多い（雑種強勢）。F₂では形質がばらばらになり、個体によるばらつきも大きくなる。

49 解答▶① ★★
　球茎はサトイモ、コンニャクイモ、塊根はサツマイモ、鱗茎はユリなど。

50 解答▶② ★
　トラクタには乗用と歩行があり、写真の正式名は乗用トラクタである。

選択科目［畜産系］

31 解答▶④ ★★
　ニワトリは筋胃の中にエサと一緒に食い込んだ細かい石（グリット）をたくわえておき、飼料をすり潰している。（ア）は胆のう、（イ）は素のう、（ウ）は腺胃、（エ）は筋胃である。

32 解答▶② ★★★
　漏斗（ろうと）部で卵黄の表面にカラザが形成される。

33 解答▶① ★★
　雌鶏が21日間続けて受精卵（種卵）を抱卵することで、胚は細胞分裂してひなになる。

34 解答▶③ ★★
　写真はニワトリの立体飼い（ケージ）である。この他に、ニワトリは平飼いで飼育することもある。②④は乳牛の飼育方式である。

35 解答▶① ★
　ニューカッスル病はウイルスが原因で起こる法定伝染病である。全日齢に発生し、感染鶏から鼻水、涙、排せつ物にウイルスが排せつされて鶏群内で伝播する。

36 解答▶③ ★★
　写真はランドレース種の雌ブタ。特徴は、白色大型で、鼻が長く、耳は大きく前方に傾斜し顔面をおおっている。体型は胴伸びがよく、流線型を呈している。

37 解答▶② ★★
　ウイルスにより起こる。平成4年（1992年）の発生を最後に、平成5年以降わが国では発生がないことから、ワクチンを用いない防疫体制の確立による清浄化を目指し、平成8年（1996年）からは5ヶ年計画で「豚コレラ撲滅体制確立対策事業」によって自衛防疫によるワクチン接種の中止が図られた。しかし、令和元

年の伝染病発生が抑えられないことから、ワクチン接種に踏み切った。農林水産省は令和元年（2019年）12月24日、家畜伝染病「豚コレラ（CSF）」の法律上の名称を「豚熱（ぶたねつ）」に変更すると発表した。

38　解答▶②　　　　　　★★★
　WCS はホールクロップサイレージの略である。①は粗飼料と濃厚飼料・必要微量成分を全て含む全混合飼料。③は食品残さを利用したもので環境を配慮した飼料。④は飼料と水を同時に給与する飼養法のこと。

39　解答▶④　　　　　　★★
　堆肥化には、微生物、有機物、酸素が必要である。さらに好気性発酵に適した水分状態にあることが重要である。

40　解答▶②　　　　　　★★★
　①及び③は寒地型のイネ科牧草で、②がマメ科牧草。④は青刈り作物に分類されるイネ科植物であるが、近年ではサイレージ利用が多い。

41　解答▶①　　　　　　★★★
　不活性化ワクチンは病原微生物を薬剤などにより物理的に殺し、感染力や毒性をなくした病原体から、免疫をつくるのに必要な成分を取り出して作られたワクチンである。副反応は少ないが、免疫の続く期間が短く、複数回接種が必要なものが多い。

42　解答▶④　　　　　　★
　踏み込み消毒槽といい、靴底を消毒することで畜舎内への病原体の持ち込みと畜舎外への持ち出しを防ぐ。

43　解答▶①　　　　　　★★★
　プラウは土壌の反転・深耕等を行う機械。②はハロー、③マニュアスプレッダ、④はローラを主に使用する。

44　解答▶④　　　　　　★★
　①飲用に供する目的で販売する牛乳を市乳という。②カッテージチーズは発酵させないフレッシュタイプのチーズである。③練乳は原料乳を濃縮したもの。④プロセスチーズはナチュラルチーズを加熱して保存性を高めたもので、ナチュラルチーズは乳を発酵させて製造する。

45　解答▶③　　　　　　★★★
　ガーンジー種はイギリスのガンジー島原産である。ホルスタイン種よりやや小柄な体格で、毛色は薄茶色と白色の斑紋がある。ジャージー種ほど神経質ではなく、環境への適応性が高い。ただし、日本での飼育頭数は少ない。乳用五大品種は、毛色や体型で見分けることができる。

46　解答▶④　　　　　　★
　写真は、畜舎（床：バーン）で発生する糞尿等を溝に落とし込み、パドルをチェーンで回転させて搬送する機械である。①は堆肥等を散布する機械。②は繋ぎ飼い牛舎の飼養形態で牛を繋留する施設。③は除糞や堆肥切り返し等に使用する機械。

47　解答▶③　　　　　　★★
　①ホルスタイン種の妊娠期間は約280日。114日はブタの妊娠期間である。②ホルスタイン種では、分娩後約40〜60日で卵巣が通常の周期を示すようになる。④ウシの産子数は普通、1頭である。

48　解答▶④　　　　　　★★★
　①は乾物摂取量、②は可消化養分総量、③は可消化粗タンパク質のこと。BCS はボディコンディションスコア（体型のやせすぎや肥りすぎなどを示す基準）を指す。

49　解答▶④　　　　　　★★
　つなぎ（繋）は蹄と副蹄の間を指す。

50　解答▶②　　　　　　★★
　$232 \div (107 - 27) = 2.9$

選択科目 ［食品系］

31 解答▶②　★★

イモ類・野菜類・果実類に多く含まれるのは、②のビタミンCである。時間により異なるが、加熱操作では、約50％。洗浄や混合では、30％程度は、減少するという報告もある。そのため、製造・調理によって最も減少しやすいビタミンと言える。①のビタミンAは、レバー、うなぎ、卵黄。③のビタミンDは、魚類に多く、④のビタミンEは、胚芽・植物油などに多い。

32 解答▶③　★★

組み立て食品のうち、はじめから対象となる食品を設定し、これと似た食品を作り上げたものをコピー食品といい、かに風味かまぼこやホイップなどが相当する。原料の幅が広く、各成分を有効に利用でき，栄養調整が容易なため用途別商品をつくりやすい利点がある。マーガリンの他，近年は脱脂大豆のタンパク質を利用した畜産加工食品に似せた食品もつくられている。

33 解答▶①　★★★

①の炭水化物は、デンプンなどの糖質とセルロースやペクチンなどの食物繊維に分かれる。セルロースは、植物の細胞壁の主要構成要素で、野菜など植物性食品から多く得られる。ペクチンは、植物の細胞壁における細胞間接着物質で果物に多く含まれる。これらは、腸内環境の改善にも役立っている。他の成分には、セルロースのような成分はない。

34 解答▶④　★★★

食品の乾燥法には自然乾燥法と人口乾燥法がある。自然乾燥法は太陽熱や風を利用した安価な乾燥法であるが、天候に左右され、乾燥に長時間を必要とする。人口乾燥法は自然乾燥法に比較し、装置や熱源等に経費が必要となるが、乾燥時間が短縮され、製品品質が安定する。人口乾燥法には常圧・加圧・減圧・真空に加え、加温・加熱など多様な方式がある。ライフパフとはポン菓子などのこと。

35 解答▶②　★★

サルモネラ菌は、主に馬・牛・鶏などの腸管内に広く分布し、この菌に汚染された食肉や鶏卵、それらの加工品の生食や調理不十分な状態での摂取によって起こる。予防法として肉や卵は、冷蔵庫で保存し、十分に加熱すること。また卵を生食する時は、新鮮で殻にヒビがないものを冷蔵庫に保管し、期限表示内に食べることなどがある。

36 解答▶③　★★

膨脹剤は、炭酸ガスやアンモニアガスを発生させて、蒸し菓子や焼き菓子をふっくらと膨脹させるために使用される重曹や炭酸水素Na、重炭酸Naが該当する。①の保存料としては、ソルビン酸が該当する。チーズ、魚肉ねり製品、食肉製品食品の腐敗や変敗の原因となる微生物の増殖を抑制する。②の発色剤としては、肉の発色のため亜硝酸ナトリウムが使用される。④の増粘剤としては、ペクチン・カラギナン等がある。

37 解答▶③　★

③の特定保健用食品とは、2001年4月に施行された保健機能食品制度に、国が安全性や有効性などを考慮して設定した規格基準等を満たす保健健康食品のうち、特定の保健の目的が期待できる食品として、規定されている。

38 解答▶②　★

第二発酵終了時に生地に押した指跡がそのまま残れば、発酵完了の目安となる。指跡が戻る場合は、発酵

不足。指を指した部分がゆるむようでは、発酵過多である。フィンガーテストとも言われる。

39　解答▶①　　　　★
　乾いた①のダイズを摩砕したものが、きなこである。②のソラマメは、あんや豆板醤に加工され、③のはるさめは、緑豆から作られる。きな粉には、多くのタンパク質が含まれまた、食物繊維も多く含み、便を軟化させる栄養素を持つため、便秘改善に役立つ。粉にすることで消化が良くなり、大豆の栄養素を効率的に摂取できる。

40　解答▶①　　　★★★
　カリカリ梅漬けは歯切れのよさを特徴とするが、果肉の硬化を促進するためカルシウム処理として水酸化カルシウムの添加がなされている。これにより、ウメ果肉に含まれるペクチンがカルシウムと結合し、果肉が硬化される。

41　解答▶④　　　　★★
　④の仁果類は、種子が果実の中心にあるもので、リンゴやナシが相当する。
　①の核果類は、モモやオウトウ・ウメ・スモモ等。②堅果類は、クリ・クルミ等。③のしょう果類は、ブドウ・イチジク・ザクロ・キウイフルーツなどである。

42　解答▶②　　　　★
　有機酸とは、酸性を示す有機化合物の総称で、②のクエン酸が多いのは写真にあるようにかんきつ類。①のリンゴ酸が多いのはリンゴ・ナシ。③のフマル酸は、柑橘類では、少量である。④の酒石酸は、ブドウに多く含まれている。

43　解答▶③　　　　★★
　ジャム類を製造する場合、ペクチンの性状や量・糖量・有機酸量（pH）がゼリー化の3要素として直接関わ

る。コップテストの確認では、濃縮適度であれば、③のように水面で2〜3粒に分かれる。①は、濃縮不足。④は、濃縮過度である。

44　解答▶①　　　　★
　①のウィンナーソーセージが一番多く推移している。日本ハム・ソーセージ工業協同組合調べの年次食肉加工品生産数量（H30）では、①のウィンナーソーセージが238,921.0t。②のロースハムが77,665.6t。③のベーコンが92,145.7t。④のフランクフルトソーセージが36,098.8t であった。

45　解答▶①　　　　★
　①のバターは、「乳及び乳製品の成分規格等に関する省令」により、「生乳、牛乳又は特別牛乳から得られた脂肪粒を練圧したもの」で、成分は乳脂肪分80.0％以上、水分17.0％以下と定められている。④のファットスプレッドはマーガリンの一種。

46　解答▶②　　　　★★
　日本農林規格ではマヨネーズの原料は、食用植物油脂、食酢若しくはかんきつ類の果汁、卵黄、卵白、たん白加水分解物、食塩、砂糖類、はちみつ、香辛料、調味料（アミノ酸等）及び香辛料抽出物で、特に②の食酢に含まれている酢酸が強力な殺菌力を持っている。

47　解答▶①　　　★★★
　かび・細菌・酵母が関与する発酵食品は、①のみそ・しょうゆで、他に清酒等がある。②のワイン・パンは酵母。③の納豆・ヨーグルトは細菌。④のチーズ・テンペは、細菌・カビが関与している。

48　解答▶③　　　　★★
　醸造では、③のコウジカビ（麹菌）を接種して麹を作る。麹が産生する酵素により、デンプンがブドウ糖や

麦芽糖に変えられる。これを糖化という。①のリゾープス ストロニフェルは、腐敗の原因菌となる。②のレンチヌラ エドデスは、シイタケのこと。④のサッカロミセス セレビシエは、酵母のこと。

49　解答▶③　　　★★

　製造工程での汚染の要因は「人」「物」「空気」の三つに代表される。人の作業動線や原料、仕かかり品、器具、洗浄水、製品などの物の動く経路、空調機器や出入口による空気の流れに留意し、汚染されているものと清潔なものが交差しないようにする。また、壁際や排水溝は丸みをつけて清掃しやすい構造にすることも必要である。

50　解答▶④　　　★★

　①のISOは、国際的に通用する規格や基準を制定する国際機関である。②のGAPは、適正農業規範（農業生産工程管理）のことである。③の SDGs とは「Sustainable Development Goals（持続可能な開発目標）」の略称。④のHACCPは、安全な食品を製造する手法のことでハサップと呼ばれる。

選択科目［環境系］

31　解答▶①　　　★★

　縦線を太く横線（水平）を細くして直線化してある。横線の右側と曲がり角の右肩に三角形の山（ウロコという）がある。新聞、書籍などの大部分がこの書体を使用している。

32　解答▶②　　　★★

　製図用紙の規格（JIS規格）にはA・B版がある。A０版は約 $1m^2$、B０版は約 $1.5m^2$ の面積である。B０の半分がB１で、B２はB１の半分と番号が大きくなればその前の半分の寸法となる。

33　解答▶②　　　★★★

　①半径（R）。③球の半径（SR）。④球の直径（S ϕ）。

34　解答▶③　　　★

　①アリダードは、平板の標定の整準と定位に使用される。②６種類の縮尺をもつ、縮尺定規である。また描かれた図面から寸法を読み取る。④測点の明示、測線方向の決定などに用いられる。20cmごとに赤・白に塗り分けしてある。

35　解答▶①　　　★★

　②日本水準原点。③仮水準点。③電子基準点。

36　解答▶④　　　★★★

　水源涵養保安林は約920万ha。①土砂流出防備保安林は約260万ha、②保健保安林は約70万ha。③水害防備保安林は0.1万ha。

37　解答▶②　　　★★

　①針葉樹は垂直に伸びた幹から枝が周囲に広がって三角すいの形をしている場合が多い。盆栽のマツの幹は意図的に曲げている。③常緑樹のこと。④常緑樹はスギやヒノキなど針葉樹に多いが、カラマツは落葉樹。

38　解答▶④　　　★★

　写真の手前（左側）がアカマツで

樹皮が赤みを帯びている。奥（右側）がスギである。

39　解答▶③　　　　　　★

　安全に伐倒するには、くさびを使ってこれを打ち込むことで最終的に伐倒する。②つるとは、受け口と追い口の間の切り残しの部分。つるが支点となり「ちょうつがい」のはたらきをする。

40　解答▶①　　　　　★★

　草原から極相林への過程は、草原→低木林→陽樹林→混交林→陰樹林（極相林）となる。極相林は一見安定しているように見えるが、部分的な小破壊と再生が繰り返されている。

選択科目［環境系・造園］

41　解答▶①　　　　　　★

　石灯籠は上部から宝殊（ほうしゅ）、笠、火袋（ひぶくろ）、中台（ちゅうだい）、竿、基礎という六つの部分から構成されている。最初神仏の献灯として用いられ茶庭などの照明の役目を経て庭園の装飾的な添景物となっていった。

42　解答▶②　　　　　★★

　てんぐす病である。枝の一部が膨らんでこぶ状となりその先から不定芽が群がり生え、小枝が多数伸びてほうき状（てんぐ巣）となる。ソメイヨシノに多く見られる。

43　解答▶①　　　　★★★

　樹木名はハナミズキ。落葉広葉樹。北アメリカ原産。花期は4〜5月。明治45年東京市長尾崎行雄が北米に送ったサクラの返礼として大正4年に（1915年）渡来した。白い花弁に見えるのは、総苞（そうほう）といい、花などを包んでいた葉である。

44　解答▶④　　　　　★★

　四ツ目垣は竹垣施工の基本となる垣根である。丸太、竹、結びなど作り上げた、各部位が全部見られるため基本中の基本といわれている。立て子の高さは一般的に60〜120cmである。四ツ目垣の構造は、親柱、間柱、立て子、胴縁があり、ロープワークとして、イボ結び、カラゲ結びがある。

45　解答▶③　　　　　　★

　設計敷地を真上から見下ろして適当な縮尺で描いた図面。公園などの広い敷地では各区の施工者が担当部分の位置と隣接部分との関連を確認するために重要な役割をもつ図面。

46　解答▶④　　　　　★★

　17世紀になると政治が安定したた

め諸大名は江戸屋敷の邸内や自国の城内などに広大な庭園を造るようになった。その中には参勤交代の旅で見た名勝地の風景を縮小して取り入れた。熊本の水前寺成就園、岡山の後楽園がある。

47　解答▶②　★★

鳥居の形に組んだ支柱で2脚が標準。街路樹に多く使用され、八つ掛けをする余地のないところや交通の妨げになる場合などに用いられる。3脚・4脚となることもある。

48　解答▶①　★★

都市公園法により、街区公園は、主として街区内に居住する者の利用に供することを目的とする公園で、誘致距離250mの範囲内で1か所当たり面積0.25haを標準として配置する、とされている。

49　解答▶②　★★★

根回しを必要とする樹木には、壮年を過ぎた老木、枝葉の繁茂した大木、新根の発生が一般に不良であるもの等。①根回しの径は根元直径の3～5倍。③根回しして2～3年後に移植すると安全である。④酷寒か酷暑を避ければいつでもよい。

50　解答▶①　★

互生は一カ所一枚、交互に葉が出る。②対生は一カ所二枚対（つい）になって葉が出る。一般的には対生より互生の樹木が多い。③輪生は一カ所から多くの葉が四方に出ている。④実生は種子を播いて発芽させる繁殖方法である。

選択科目
［環境系・農業土木］

41　解答▶③　★

床締めの説明である。

42　解答▶④　★★★

最小化は工種の選定制限による工事を実施することを原則とする。

43　解答▶②　★

修正は、環境の回復等を目的とした工事をすることを原則とする。

44　解答▶④　★

力の3要素は、力の大きさ・力の向き・力の働く点（作用点）である。

45　解答▶②　★★

$M = P \times \ell = 150 \times 0.3 = 45 \text{N} \cdot \text{m}$
cmをm単位に直して計算する。

46　解答▶④　★

④の状態のとき、物体は釣り合いの状態にあるという。

47　解答▶①　★★★

$\delta = \dfrac{P}{A} = \dfrac{40000}{200} = 200 \text{N/mm}^2$

48　解答▶③　★★★

「密封した容器中の静止している液体の一部に加えた圧力は、液体内のすべての部分に同じ圧力で伝わる。」ことをパスカルの原理という。これを応用したものが水圧機である。

49　解答▶③　★★

$Q = A \times V = 1 \times 0.5 = 0.5 \text{m}^3 / \text{s}$
$A = B \times H = 2 \times 0.5 = 1 \text{m}^2$

50　解答▶①　★★

礫75mm～2mm、砂2mm～75 μmm、シルト75μmm～5μmm、粘土5μmm以下

選択科目〔環境系・林業〕

41　解答▶③　★★

　森林環境税については、令和6年度から課税される。森林環境譲与税は、令和元年度から都道府県と市町村に対し譲与が始まる。この税は、市町村が行う間伐や人材育成・担い手の確保、木材利用の促進等の森林整備及びその促進に関する費用並びに都道府県が行う市町村による森林整備に対する支援等に関する費用に充てられる。

42　解答▶④　★★

　気温は標高が高くなるにつれて低下し、植生分布に影響を与える。①時間とともに植物の種類が交代していく遷移のうち、土壌が形成されていない場所から始まるもの、②すでに構成していた植物が破壊されてから始まる遷移、③水平分布とは、南北に長い日本列島において、気温によって植生が変化すること。

43　解答▶②　★★

　①コナラやクヌギなどの広葉樹の方が萌芽更新に適している。③建築材としてはスギやヒノキなどが主であり、萌芽更新ではなく植栽している。④萌芽更新では、高齢級の樹木よりも20年生くらいの樹木を伐採した方が、切り株から芽が発生しやすい。

44　解答▶①　★★

　天然林などの一次林は人間活動の影響をほとんど受けない森林で、樹種の構成や階層構造が多様である。伐採や自然災害などの結果でき上がった森林を二次林という。スギなどの苗木を植栽した森林は人工林であり、二次林に含まれる。

45　解答▶④　★

　①枝打ちは、無節の通直・完満な材を生産するため、不要な枝を切り取る作業、②皆伐は、育成した樹木をすべて一斉に伐採すること、③除伐は、育成しようとする樹木以外の木を切り除く作業。

46　解答▶②　★★

　①②チェーンソーにより玉切るのが一般的だが、高性能林業機械であるハーベスタやプロセッサで玉切ると効率が良い。③玉切りは造材作業の一つである、④玉切る長さは、柱材では3m、横架材では4mなど利用目的に応じた長さに切る。5mには殆ど切らない。

47　解答▶④　★★★

　スギは日本の湿潤な気候に合っており、現在でも、加工のしやすさなどから柱などの建築材の中心である。①きのこの原木用は、コナラやクヌギ、②タンスなどの家具類には、桐やケヤキなどの広葉樹が使われることが多い。③材木の強度では、スギ材はカラマツ材やヒノキ材より劣る、④スギ材の中心部（心材部）は赤みがかった材が多い。

48　解答▶②　★

　高性能林業機械とは、従来の林業機械に比べて、作業の効率化、身体への負担の軽減等、性能が著しく高い林業機械をいう。図はプロセッサで、材を枝払いして、一定の長さに玉切り（造材）している。

49　解答▶④　★

　輪尺は、樹木の胸高直径（地際から1.2m位の樹木の直径）を測定する機器。①測竿は、木の根元から伸縮式のポールを伸ばして樹高を測定する機器。③ブルーメライスは測竿と同様に樹高を測定する機器。

50　解答▶②　★★★

　①根元に近い方が元口であり、先端に近い方が末口である。②1石は約0.278m³（1m³＝約3.6石）③末口自乗法（二乗法）とは、末口直径

×末口直径×長さで求める。④取扱
量の多い丸太の長さは、合板用なら
ば２m、柱材ならば３m。建築用で
は３〜４mが多い。

2018年度 第1回 日本農業技術検定3級 解説

（難易度）★：やさしい、★★：ふつう、★★★：やや難

共通問題［農業基礎］

1 解答▶① ★★

①土の表面を平らにしたり、うねの形を整えたり土の塊を砕いたりするのは「くわ」である。②草を集めるために使用するのはレーキである。③土を掘り返したり、庭木の植え付けなどに使用するのが剣先スコップである。④は欧米で伝統的に用いられてきた刈り取った麦や干草などを持ち上げたりするためのフォークである。

2 解答▶③ ★

乗用と歩行用があり、どちらも苗供給装置、植え付け装置、機体支持装置、エンジンから構成されている。写真は乗用田植機である。これまでの稲作では「田植え」作業は最も負荷の大きな作業のひとつであったが、「田植機」の開発により作業の負担は大幅に改善された。田植機と収穫機（コンバイン）の開発は作業性の向上や労力軽減にとどまらず個人による大規模な稲作を可能にした。また、田植機の開発は、種もみを苗代で育苗するといった従来の苗作りから育苗箱（規格がある）による育苗に転換させるなど稲作技術を大きく進展させた。

3 解答▶④ ★

植物の成長には、これまで16の元素が必要と言われていたが、現在はニッケルを加えた以下の17元素を必須元素と呼んでいる。（炭素（C）、水素（H）、酸素（O）、窒素（N）、リン（P）、カリウム（K）カルシウム（Ca）、硫黄（S）、マグネシウム（Mg）ホウ素（B）、塩素（Cl）、マンガン（Mn）、鉄（Fe）、亜鉛（Zn）、銅（Cu）、モリブデン（Mo）、ニッケル（Ni））このうち、NとPとKは植物の成長に特に必要で自然界の供給量では不足するので肥料として与えている。そのため、この3要素を肥料の三要素と呼ぶ。また、上記の元素の過不足により作物が軟弱に成長し病気にかかりやすくなったり、正常に成長しないことを要素欠乏症や過剰症と呼ぶ。

4 解答▶② ★

ムギ（麦）とは、コムギ、オオムギ、ライムギなどイネ科穀物の総称である。日本では、コムギ、六条オオムギ（カワムギ、ハダカムギ）を三麦と呼び、食糧法によりムギの価格は政府により統制されている。また、オオムギは世界最古の穀物のひとつといわれており、アルコールの原料や家畜の飼料として用いられている。コムギは世界3大穀物であり世界中で栽培されトウモロコシに次いで生産量が多い。パン、麺、菓子類の原料として利用されている。

5 解答▶① ★★

バラ科のものとしてバラ、イチゴ、リンゴ、ナシなどがある。②はキク科 ③ユリ科 ④ラン科である。栽培においては、科の特徴をつかんでおくことが大切である。

6 解答▶④ ★

花が種子植物にとっての生殖器官

である。種子植物の受精は雄しべで作られた花粉が雌しべに受粉し雌しべの奥にある胚珠に届くことによって起こる。被子植物では花粉が雄しべの葯（やく）、胚珠は雌しべの子房で形成される。雌しべにはその先端に柱頭がある。花はこのほかに花びらや萼・蜜腺などで構成されている。また、花の構造や形態は花粉の媒介方法の違い（風媒花・虫媒花など）により異なってくる。

7　解答▶①　　　　　　　　★

一般に、日照時間が充分で、光合成が活発であると糖度が高くなる。一方、日照不足や土壌水分が多いと、糖度は低くなりやすい。

8　解答▶②　　　　　　　　★

光合成は植物や藻類など光合成色素を持つ生物が光エネルギーを化学エネルギーに変換する生化学反応である。緑色植物では、光エネルギーを葉緑体で受容して根から吸収した水と葉の裏の気孔から吸収した二酸化炭素から糖を合成する。

9　解答▶②　　　　　　　　★

干害は長期間雨が降らないと発生する気象災害である。農業は、最も天候の影響を直接的に受ける産業のひとつであるが、気象災害を最小限に止めるためには、地域の天候の特徴を把握して栽培体系を考えて品種を選択（適地適作）したり、かんがい設備の導入やハウス等の施設を活用するなど地域に適した対策を考えることが大切になってくる。

10　解答▶④　　　　　　　★★★

①土壌溶液中の酸性・アルカリ性の度合いを示す。②水と土との結合力を示す値で、土壌水分の目安を示し、Cが多いと生殖成長に傾く。③物質中の炭素とチッ素の割合を示す。④ECは電気伝導度であり、土中の肥料分（塩類）が多いほど電気

が多く流れることを利用した測定法である。

11　解答▶②　　　　　　　★★

有機質肥料は他に、魚かす、骨粉、鶏ふん、米ぬか、木灰、草木灰、堆肥などがある。①苦土とはマグネシウムでMgを含んだ石灰、③栃木県鹿沼から産出される酸性の土壌、④一般的に無機質肥料のことである。

12　解答▶②　　　　　　　★★

A肥料の窒素成分は16%であるから、肥料10kgに1.6kgの窒素成分が入っている。よって、窒素成分で16kg相当量を畑に施すには、A肥料100kgが必要となる。

13　解答▶④　　　　　　　★★★

土の中で使われなかった肥料分が残ると塩類濃度が高くなり、生育障害が発生する。塩類集積が進むと土中の塩類（これまで施してきたが余剰分として残った肥料など）が毛細管現象により地表に集積され白い塩類の結晶が確認できるようになり作物栽培が困難な土壌となってしまう。この場合、土壌機能の回復には長い時間と費用を費やすことになる。ハウス栽培では降雨が期待できないため塩類集積が起こりやすい。対策としては、ハウス内を湛水状態にして塩類を排出したり、塩類吸収力の高い植物（クリーニングクロップ）を栽培するなどの方法がある。これには、トウモロコシやソルガムなどイネ科が適している。

14　解答▶①　　　　　　　★★

ジャガイモの花と本葉の写真。ジャガイモはトマトやピーマンとともにナス科であり、花はナスの花に似ている。

15　解答▶④　　　　　　　★

写真はミツバチである。植物が結実するためには受粉（受精）が必要になるが、イネのように自家受粉す

るものを除くと花粉が風や昆虫等によって雌しべに運ばれなければならない。花粉を運ぶ昆虫等を花粉媒介者（ポリネーター）と呼ぶ。イチゴ等のハウス栽培は閉鎖された空間で栽培するため自然界のポリネーターによる受粉を期待することができない。そのため、マルハナバチやミツバチをハウス内に放飼することで受粉を促している。

16 解答▶② ★

　農薬の使用は、病害虫や雑草の発生状況に応じて、適切な使用が原則である。農薬は、作物や品種に応じて使用回数、使用時期・濃度が決められている。また、同じ器具で除草剤と殺虫殺菌剤を散布すると薬害が発生する場合もあるので、器具の使い分けが必要となる。

17 解答▶② ★★

　写真はカタバミ。匍匐茎で地表に広がるように生育するうえ、種子を勢いよく飛ばし繁殖する。繁殖力が強く、根も深いため駆除に手間がかかる雑草である。

18 解答▶② ★★

①コナジラミ：幼虫、成虫が口針を植物組織に突き刺して、吸汁し、余剰の水分を肛門から排泄する。この排泄物は甘露と呼ばれ、ススを併発する。

②ふ化直後の幼虫は、集団で葉裏を、表皮を残すようにして食害する。中齢以降は、葉脈や葉柄を残して暴食するため、作物が丸坊主になることがある。

③幼虫・成虫ともに葉裏に寄生することが多く、吸汁する。

④口針で吸汁する。

19 解答▶① ★★

　写真はイラガの幼虫であり、成虫は蛾（ガ）である。1cm程のウズラ模様の卵であり、ふ化した幼虫は周辺の葉を食べて成長する。幼虫はトゲの生えた突起があり触れると激しい痛みに襲われる。

20 解答▶④ ★★

　①はスベリヒユ（スベリヒユ科、1年生雑草）、②はスギナ（トクサ科、多年生雑草）、③はアカザ（アカザ科、1年生雑草）、④はナズナ（アブラナ科、越年生雑草）である。

21 解答▶③ ★★

①すきなどを引くなど労力を求めるものを役畜という、②肉・乳などを提供するのは用畜という。④家畜にはミツバチやカイコも含む。

22 解答▶③ ★★★

　①は卵肉兼用種、②卵用種、④肉用種

23 解答▶① ★

　ブラウンスイス種は、スイス原産の三用途兼用種（乳・肉・役用）で、アメリカで乳用種に改良された。日本には第二次世界大戦後、アメリカから輸入されたが、ホルスタイン種に比較すると泌乳量が少なく普及しなかった。しかし、乳はチーズ等に適しているとの評価が高まり飼養頭数は増加している。黒毛和種は、飼養されている和牛の95%を占めている。明治時代に在来種とブラウンスイス種など外国の品種と交配して生まれた。肉質に優れ去勢牛は生産者の飼養技術と相まって美しい大理石模様の「霜降り肉」を生産する。海外ではJapanese Blackと言われ高く評価されている。ヘレフォード種は、英国原産の肉用種で丈夫で飼養しやすい特徴のため世界に広まり、各国で品種改良に利用されてきた。ランドレース種は、デンマーク原産のブタの品種名である。

24 解答▶③ ★★

　摂取した飼料のうち未消化の部分を口に戻し、そしゃくして再度胃に

送り込むことを反すうという。①②④は反すう胃を持つ反すう動物であり胃を4つ持つ。③のウマは人間同様に胃が一つしかない単胃動物であり、反すう胃を持たない。

25　解答▶③　★★★
　ボツリヌス菌は毒素型で土壌などに生息している。サルモネラ菌は、食肉や卵などが汚染源となることがある。腸炎ビブリオは、主に海産の魚介類に付着しており、それをヒトが生で食べることによって発生する感染型の食中毒の原因菌としては日本で発生する食中毒の発生件数でサルモネラ菌と並んで1-2位にあたり、特に1992年までは、日本の食中毒原因の第1位を占めていた。しかし、日本以外の国、特に欧米諸国での発生は少ない。これは刺身や寿司など、海産の魚介類を生食することが多い日本の食文化と大きく関連している。

26　解答▶②　★★★
　砂糖は酵母が持つ酵素によって、二酸化炭素とエチルアルコールに分解され、酵母の栄養源となる。さらに、パンに甘みを付けたり、生地の粘弾性を増し、デンプンの老化を遅らせる働きがある。

27　解答▶②　★★★
　ダイコンにはアミラーゼ（ジアスターゼ）、プロテアーゼ、リパーゼなどの消化酵素が豊富に含まれている。酵素は熱に弱いため、生のまますりおろして利用すると効果を得ることができる。

28　解答▶①　★★★
　固定資本は、農用機械・施設・大動物・果樹など、1年以上にわたって繰り返し農業生産に利用されるものである。農業経営費は、「物材費」〔諸材料費（種苗代・肥料代・農薬代・電力代・燃料代等）と減価償却費（建物・機械施設等）の合計額〕と「雇用労賃」、「借地地代」、「借入資本利子」を加えたものをいう。農業生産費はある特定の生産物の単位当たり（例えば米60kg当たり等）に要した費用をいう。

29　解答▶①　★
　農業生産は基本的に自然を対象にするため、作業も日照や気温、降水量等、その気象状況に影響されてしまう。農業の特徴として、同じ作物等を栽培、飼育してもほぼ同様な成果が出るといったことはなく、生産者が作物や家畜の持つ特性を最大限に発揮させる栽培、飼育技術が成果に大きく影響する。また、農作業の特性から栽培、飼育の期間を通じて作業量を均一化することは困難であると共に機械化の推進や付加価値の期待できる農法の導入、生産から販売までの一貫経営（6次産業化）等生産者の意欲や工夫が直接的に反映できる魅力がある。

30　解答▶①　★
　限界集落は社会学者の大野晃氏が、1991年（平成3年）に最初に提唱した概念で高齢化が進み65歳以上の高齢者が人口の過半数を占め、共同体の機能維持が限界に達している状態を名付けた。フードデザート（食の砂漠）とは、生鮮食料品の調達が困難になった地域をいう。このことは、買い物の不便だけでなく加工食品などを買わざるをえなくなるため、結果的に栄養不足や偏りから起きる健康被害が問題となる。財政再建団体とは、地方自治体が抱える赤字額が一定の基準を超えた破綻状態にあり、地方財政再建促進特別措置法にしたがって財政再建計画を策定し総務大臣の同意を得た地方自治体のことをいう。ワーカーズコレクティブとは、協同組合のひとつであ

り、そこで働く労働者自身が資金を持ち寄り所有、管理する協同組合である。地方では、地域社会活性化の担い手としても期待されている。

選択科目［栽培系］

31　解答▶④　　　★★★
　シンビジウムはラン類、カーネーションは宿根草、チューリップは球根類、マリーゴールドは一年草である。

32　解答▶①　　　★★
　②ヒマワリは一年草、③シャコバサボテンはサボテン科の多肉植物、④ガーベラは宿根草。

33　解答▶③　　　★★
　秋ギクは日長が短日条件に加えて温度条件の両方が関係して花芽分化し、開花する。

34　解答▶③　　　★★
　細菌、糸状菌は農薬が効く。ウイルスは農薬が効かない。センチュウは微生物ではなく土壌中に生息する線形動物で、植物に寄生する害虫である。

35　解答▶①　　　★
　トマトの整枝管理作業には芽かき、摘葉、摘心などがある。摘葉は通風や日当たりをよくするために、古くなった葉などを取るものである。摘心は、目的とする高さと段数になった時に、茎の伸長を抑えるために茎の先端を摘み取るものである。また、着果数が多い場合は、摘果をして果実数を減らす。

36　解答▶①　　　★
　②ダイズは無胚乳種子で栄養分は子葉に含まれる。③根粒菌は空気中の窒素を固定して植物体内に取り込む。④納豆、豆腐には完熟した豆を使う。

37　解答▶①　　　★★
　播種後の緑化期間は20〜25℃で管理し、緑化後は自然環境に慣らしていく。

38　解答▶②　　　★★★
　苗の大きさは乳苗、稚苗、中苗、

成苗の順で、生育量は大きくなる。分類は葉数で行い、田植機で使用する稚苗は3〜3.5葉である。

39　解答▶①　★★
　窒素過多、高温多湿でいもち病発生が多くなる。種子消毒はいもち病の予防に効果がある。

40　解答▶④　★★
　ジャガイモはナス科で、茎である塊茎を食し、涼しい気候の北海道等が適するが、品種改良等により長崎、鹿児島での生産も多い。日本では北海道が最大の生産地で、春に植え付けて夏の終わりから秋にかけて収穫される。北海道に次ぐ大産地である九州の長崎県では、秋に植え付けて冬に収穫するのに加えて、冬に植え付けて春に収穫する二期作が行われる。ジャガイモはウイルス病に感染してしだいに収量が減少するため、ウイルスに感染していない無病苗を栽培するのが望ましい。

41　解答▶①　★★★
　選種の方法として塩水選がある。うるち米は比重1.13g／cm³の塩水に沈んだもみを水洗いして陰干しにする。その後、予措の過程（消毒−浸種−催芽）を行う。消毒には薬剤を使用するほか温湯消毒の方法もある。浸種は積算温度100℃以上を目安とする。芽出し（催芽）は30〜32℃のぬるま湯に20時間つけると主根がわずかに出たはと胸状態になる。

42　解答▶③　★
　トウモロコシの発芽の最適温度は30〜35℃、最低温度7〜8℃、最高温度40〜45℃である。発芽までの日数は、温度に影響され積算温度で150〜200℃を必要とする。地下部では主根に続き幼芽が伸び、その後に幼葉しょうが地表にあらわれる。

43　解答▶④　★★★
　樹木の皮（bark：バーク）を原料

とした資材がバークで、これを利用した堆肥がバーク堆肥である。

44　解答▶②　★★
　細粒種子は上から水をかけると流れてしまうため、底面から吸水させることが鉄則である。①キクはさし芽が一般的。③覆土をしないか、薄くする。④発根は葉の中の植物ホルモンによって促されるため、葉を少なくすることはあるが全て取り除くことはない。

45　解答▶①　★
　リンゴは中心花が最初に咲き、そのあと側花が開花する。開花時に摘花したり、受精確認の後、摘果を行う。

46　解答▶②　★
　岐根が発生する原因としては、ネコブセンチュウの他に、有機物や土の塊が根の伸長方向にあり、根の伸長を阻害することなどがある。

47　解答▶③　★★
①②④は雌雄異花であり、両性花ではない。

48　解答▶①　★
　1本の茎に2〜3本雌穂がつくので結実不良、結実過多を防ぐために行うことがある。

49　解答▶②　★
①トマトはナス科、②キュウリはウリ科、③ダイコンはアブラナ科、④イチゴはバラ科。

50　解答▶④　★★★
　①はキュウリの収穫までの日数。②はナス。③はイチゴ。

51　解答▶④　★★
　④のドラセナは熱帯地方に約50種が分布する。葉の美しさから観葉植物として重宝されている。

52　解答▶①　★
　常緑性果樹にはカンキツ、ビワ、オリーブなどがあり、熱帯果樹も常緑である。

53 解答▶① ★★
　実生繁殖とは種子繁殖である。②
〜④は栄養体繁殖。
54 解答▶② ★★★
　ニンジンは明発芽種子である。
55 解答▶④ ★★
　キュウリ、バナナ、温州ミカン、
パイナップルなどは単為結果しやす
く、種子のない果実になりやすい。

選択科目 ［畜産系］

31 解答▶④ ★
　雌牛が性成熟して妊娠が可能とな
るのはおよそ10〜15か月齢である
（肉牛は生後14か月程度で初回種付
けを行うのが一般的である）。発情
はウシ、ブタの場合、約21日の周期
で受胎するまで繰り返される。季節
繁殖動物の発情は季節性であり、ウ
マの場合は春から夏、ヤギ、メンヨ
ウは秋とされる。
32 解答▶③ ★★★
　ヒナの選別にあたっては、活力が
あり、体が小さすぎず、へそのしま
りがよいもの、奇形や異常がないも
の、羽毛の成長が順調なものなどを
条件として考慮する。総排せつ腔に
汚れがあるものは、病気の疑いがあ
るので特に注意する。
33 解答▶④ ★★
　重量の構成割合は、卵白
（57〜63％）、卵黄（28〜31％）、卵殻
（8〜12％）である。
34 解答▶① ★★★
　産卵鶏はほぼ毎日1個の卵を産む
が、数日間連続的に産卵すると（連
産）、1日産卵を休み（休産）、再び
この連産と休産を繰り返す。この産
卵の周期性を産卵周期といい、1回
の連産の長さをクラッチという。
35 解答▶④ ★★
　雌雄鑑別方法には、肛門鑑別法(指
頭鑑別法)、機械鑑別法、羽毛鑑別法
などがある。④の羽毛鑑別法は、主
翼の発育の遅速による鑑別法であ
る。採卵養鶏では、不要な雄をとう
たするなどのように、養鶏産業に
とって雌雄鑑別は不可欠な作業であ
る。
36 解答▶② ★
　マレック病はウイルスが原因で起
こる。症状は呼吸困難・緑便・全身

まひ・貧血・発育不良である。予防には、生ワクチンの接種を行う必要がある。

37　解答▶③　★
デビークは悪癖を防止するため、ヒナのくちばしを焼き切ることである。ビークトリミング、断しともいう。つつきの予防はデビークだけに頼らず、飼育環境の改善などにも気を付ける必要がある。

38　解答▶④　★
Bはバークシャー種、Yは中ヨークシャー種、Lはランドレース種、Wは大ヨークシャー種の略号である。

39　解答▶②　★
ブタの妊娠期間は114日くらいで、個体により若干異なる。

40　解答▶①　★★
家畜伝染病予防法に定められている伝染病を法定伝染病と呼ぶ。豚コレラ、口蹄疫、流行性脳炎がある。

41　解答▶③　★
ブタには、子豚の時期を経て肉を生産する肉豚と、その肉豚になる子豚を生産する繁殖豚がいる。採卵鶏は、ふ化後約150日で産卵を開始する。また、ブロイラーとは、食肉用の若どりのことである（現在は肉用鶏を指すことが多い）。

42　解答▶①　★★
濃厚飼料とは、消化される成分の含量が高い飼料のことで、穀類、ぬか類、動物質飼料などがある。繊維質が豊富な牧草や乾草などは粗飼料である。一般に、高栄養飼料で育てると成長がはやいが、肉質については、給与飼料の構成とその切り替え時期などが関係する。

43　解答▶①　★★★
SPF（Specific Pathogen Free）とは、オーエスキー病などの指定された病原体をもっていないという意味

で、SPF豚を飼育するためにはSPF豚舎という特殊な畜舎が必要である。②は豚舎の方式、③は一般的にニワトリとブタで用いられる畜舎の方式、④は繋ぎ飼い牛舎の飼育方式である。

44　解答▶①　★
家畜排せつ物は、不適切な管理をすれば悪臭の発生や河川や地下水の水質汚染を招くなど、環境問題の原因となる。そのため、家畜排せつ物法では、野積み・素掘りなど不適切な管理をしないよう記されている。搾乳牛の年間当たりのふん量と尿量とでは、ふん量の方が多い。

45　解答▶②　★
①は第2胃についての説明。③は第3胃についての説明。④は第4胃についての説明である。第1胃はウシの胃全体の約80％の容積を占めていて、内部は絨毛が発達している。

46　解答▶②　★
②のロータリーパーラ方式は、回転する巨大な円形の台に乗せて保定し搾乳する方式である。①は尻を並べて両後肢の間から搾乳する。③は、後躯の乳器部分が並ぶようにウシを斜めに並べて搾乳する。④は搾乳者の両側2頭に並べて搾乳する方式。

47　解答▶①　★★
Bはひざ、Cは腰角、Dは飛節である。

48　解答▶②　★★
搾乳後の生乳は、バルククーラで撹拌（かくはん）されながら5℃以下に冷却される。工場に輸送されると、受け入れ検査をした後、清浄化、均質化を経て殺菌、冷却、充てん包装され、牛乳として出荷される。

49　解答▶②　★★
カンテツ症はカンテツが胆管に寄生し炎症を起こす病気で、中間寄主

のヒメモノアラガイの駆除が予防法
となっている。

50　解答▶③　　　　　★★★
　①は乳の排出に関わるホルモン、②は発情に関わるホルモン、④は乳の排出を抑止するホルモンである。

51　解答▶①　　　　　　★
　乳牛の乾乳期間については、現在は約1.5か月〜2か月が推奨されている。

52　解答▶②　　　　　　★
　産卵率は産卵個数÷飼育羽数×100（％）で算出する。
　したがって9,850÷10,000×100＝98.5（％）となる。

53　解答▶④　　　　　　★
　ヨーグルトは牛乳を発酵させて製造するが、脱脂乳とは牛乳から脂肪分を取り除いたものである。ナチュラルチーズは製品としてでき上がってから加工されていないチーズで、プロセスチーズはいくつかのチーズを加熱溶融させて作ったチーズである。牛乳の成分は季節や牛の泌乳ステージによって組成比が変わる。

54　解答▶②　　　　　★★
　写真の農業機械は糞尿混合物を汲み取り、圃場に散布する装置である。①はマニュアスプレッダ、③はブロードキャスタ等を用い、④はケンブリッジローラー等を使用する。

55　解答▶③　　　　　★★
　写真はマニュアスプレッダで、堆肥等を圃場に均等に散布するための機械である。

選択科目［食品系］

31　解答▶③　　　　　★★
　日本では、乳等省令によって搾乳したままの牛の乳を③の「生乳」といい、私たちが普段飲んでいる飲料乳は、製造法により②の「牛乳」・「特別牛乳」・「成分調製牛乳」・「低脂肪牛乳」・「無脂肪牛乳」・「加工乳」・「乳飲料」の7つに分類される。④の初乳とは、分娩後数日間分泌されるタンパク質やミネラルが多い乳のこと。

32　解答▶③　　　　　　★
　食品を低温に保つと、微生物の増殖だけでなく、酵素作用が抑制され、食品の貯蔵期間を長くできるが、冷蔵により生理障害を起こしかえって変質しやすくなるものもある。この現象を③の低温障害という。

33　解答▶①　　　　　★★
　②のサルモネラ菌は、発熱・腹痛・下痢を起こす通性嫌気性菌で、馬・牛・鶏などの腸管に広く分布している。③の大腸菌は、動物の消化器官あるいは腸内に生息する細菌。人間や動物の排泄物あるいは水や食品の汚濁度を図るための指標として大腸菌群数が測定される。④の腸炎ビブリオは、海水と同じ35前後の塩分があると増殖する。嘔吐・下痢・激しい腹痛を起こすが、魚介類や魚介類を調理したまな板・包丁からの2次感染も多い。

34　解答▶②　　　　　★★
　食品添加物は、食品衛生法によって、①の指定添加物、②の既存添加物、③の天然香料および④の一般飲食物添加物に分類されている。指定添加物は、安全性・有効性を確認して厚生労働大臣が指定したもの。既存添加物は食経験があり、これまでに天然添加物として使用されていた

もの。天然香料は動植物から得られ、食品に香りをつけるためのもの。一般飲食物添加物は、一般には食品であるものが、食品添加物として使用されるもの。

35 解答▶④ ★★★

ごみの減量化と再利用の実現のため容器包装リサイクル法が、1995年に制定された。プラスチック容器からリサイクルされるのは、主にパレットや土木建築用資材である。卵パック・食品用トレイ、繊維・衣料品、飲料用ボトルなどは、ペットボトルからリサイクルされる。

36 解答▶② ★★

生のデンプンをβデンプンといい、食べても消化されにくいが、水を加えて加熱するとα化デンプンになる。炊き立てのご飯はα化デンプンである。しかし、冷めると部分的にもとのβデンプンに近い状態となり、ぼそぼそとした食感になる。

37 解答▶② ★★

精白したコメは、米飯や清酒用などのように粒のまま加工する場合と②の上新粉、④の白玉粉などのように粉にして加工する場合がある。上新粉は、うるち精白米を原料とし、白玉粉は、もち米を原料としている。①の片栗粉の原料は、ジャガイモであり、③のコーンスターチの原料は、トウモロコシが使用されている。

38 解答▶③ ★

②の共立て法は、全卵を砂糖とともに35〜40℃で泡立てる。きめ細かいクリーム状の気泡となる。③の別立て法は、卵白と卵黄に分け、別々に泡立てた後、混合する。固く、コシがあって、しっかりした気泡になる。

39 解答▶② ★

②の強力粉は、生地のグルテン形成が重要なパン生地に使い、③の中力粉は、主に麺類の製造に利用される。④の薄力粉は、グルテン形成をおさえた菓子類の製造に適する。①のデュラム粉は、独特のグルテンとカロテノイド色素を持ち、マカロニやパスタ等に利用される。

40 解答▶④ ★

①は水分が切れやすい豆腐を凍らせて脱水し、乾燥させたもの。②はかために仕上げた豆腐を薄く切って水気を除き、120℃の油で揚げ、ついで、180〜200℃の油で揚げて固めたもの。③は豆腐を圧搾し粘りが出るまで練り、ヤマノイモやにんじんなどを入れ、油で揚げたもの。

41 解答▶③ ★★

炭水化物を主成分とする豆類は、小豆・インゲン・緑豆・エンドウ・ソラマメなどがある。緑豆は、暗発芽させ、もやしとして食べるほか、そのデンプンを原料として、はるさめが作られる。上記の豆類は、乾燥100g当たり約58〜60gの炭水化物を含み、タンパク質は、約20％である。脂質は、約2％しか含んでいない。

42 解答▶④ ★

④のコンニャクイモは、サトイモ科の多年生植物を数年栽培した球根である。コンニャクを製造する場合は、グルコマンナンの性質を利用して、糊状になるまで撹拌し、その後アルカリ性の凝固剤で凝固させ、製品化する。

43 解答▶② ★★★

②のエチレンは、追熟ホルモンともいわれ、青果物の呼吸量を増加させ、クロロフィルの分解や糖度の増加を促進するなどの作用がある。また野菜の鮮度保持のために吸着や分解によりエチレンを除去する。他①・③・④は、色素類。

44 解答▶① ★

①のペクチンは、デンプンやセルロースなどと同じ多糖類の一種で、植物の細胞と細胞を接着させている。ペクチンの水溶液が、糖や酸の作用によってゲル化する。ショ糖や果糖・ブドウ糖・水あめなどもゲル化に効果がある。ゲル形成には、55％以上の糖度が必要である。ペクチンのゲル化にはpHが大きく影響し、pH3.6以上でゲル化しない。pH2.7～3.1で良好なゲルが形成される。

45 解答▶④ ★

渋味の原因は、④のタンニンである。甘柿では、果実が成熟するとタンニンが不溶化して渋味を感じない。渋柿ではタンニンの不溶化が不十分のため渋味を感じるが、剥皮・乾燥中に追熟されタンニンが不溶化し渋味を感じなくなる。

46 解答▶④ ★★

ミカン缶詰製造において、剥皮したのち、じょうのうを一つずつに分離し、塩酸溶液、ついで水酸化ナトリウム溶液に浸ける。この処理により、じょうのう膜のペクチンが溶解し、じょうのう膜が除かれる。流水にさらして残存する水酸化ナトリウムを洗い流し、残っている太い繊維を取り除き、じょうのうの処理を終え、次の工程に移る。

47 解答▶① ★★

食品に含まれる天然の色素はフラボノイド、アントシアニン、クロロフィル（葉緑素）、カロテノイドなどであり、これらの色素はpHによって変化するものが多い。レモン果汁はクエン酸を含みpHが低く、イチゴに添加するとアントシアニンが赤く発色する。

48 解答▶① ★★

②のウインナーソーセージは、羊腸または製品の太さが20mm未満のケーシングにつめたもの、③のボロニアソーセージは、牛腸または太さ36mm以上のケーシングに詰めたもの。④のドライソーセージは太さに関係なく、水分を35％以下に乾燥させて保存性を持たせたもの。

49 解答▶③ ★★★

新鮮な生肉に含まれている色素は、ミオグロビンで、硝酸塩や亜硝酸塩などの発色剤を塩漬時に添加したことによる鮮赤色の成分は、ミオグロビンに硝酸塩が結合した③のニトロソミオグロビンである。①のオキシミオグロビンは、ミオグロビンが空気の酸素と結合したことによって生じる。オキシミオグロビンがさらに空気中で酸化を受け④のメトミオグロビンとなる。加熱調理し煮た肉は②のメトミオクロモーゲンとなり、暗色を呈する。

50 解答▶④ ★

牛乳の比重は、脂肪の含有量により変化する。比重が小さいと脂肪量が多く、比重が大きいと脂肪以外の無脂乳固形分が多くなる。正常な生乳であれば、比重は、1.027～1.035（15℃）である。正常乳の指標として、成分規格で比重を定めている。

51 解答▶④ ★★★

食品中のタンパク質の定量は、タンパク質に含まれている窒素の量を測定し、窒素量に窒素タンパク質換算係数をかけて食品中のタンパク質量を求めている。④のセミミクロケルダール法は、硫酸分解した試料を強アルカリとして水蒸気蒸留し、遊離したアンモニアを捕集し、中和滴定によって窒素量を求める方法である。①のニンヒドリン反応、②のビューレット反応、③のキサントプロティン反応は、タンパク質の定性法として用いられる。

は暫定基準が設定された。

52　解答▶③　　　　　★★
　①の乳飲料は、牛乳を原料として作られた飲料乳や乳製品以外のもので、コーヒー牛乳等が相当する。②の加工乳は、乳成分を増やしたり減らしたりしたもので低脂肪乳などが相当する。④の発酵乳は、乳に乳酸菌を加えて発酵させ風味や保存性を高めた製品である。

53　解答▶①　　　　　★★
　ルイ・パスツールは1860年代にワインの製造業者の依頼を受け、ワインの品質を損なわずに、50〜60℃で殺菌する方法を発見した。しかし、日本においてはそれよりも300年くらい前から酒の品質を安定させるため酒を60℃程度に加熱する火入れを行っていた。

54　解答▶①　　　　　★★★
　①の濃口しょうゆと同じ麹を使い、米や甘酒を加えて色が濃くなるのをおさえたものが②の薄口しょうゆ、ダイズに少量のムギを加えて麹の原料としたものを④のたまりしょうゆ、少量のダイズにムギを加えたものを麹の原料とし、色の濃くなるのを極力おさえたものを③の白しょうゆという。

55　解答▶④　　　　　★★★
　農作物を害虫や病原菌から保護し、収量を高めるため、種々の農薬類が使用される。それぞれの農薬には残留基準が決められていたが2006年5月さらに厳しい残留基準制度（ポジティブリスト制度）が導入された。一定量をこえて農薬等が残留する食品の販売や輸入等を原則禁止することとし、これまでに基準のなかった農薬についても人の健康をそこなう恐れのない量として一律基準0.01ppm以下にする規制が設けられた。また、生鮮農産物だけでなく加工食品にも、残留農薬基準あるい

選択科目 ［環境系］

31 解答▶③ ★★
　①致心（求心）：図板上の点と地上の測点を鉛直線上にあるようにする。
　②整準（整置）：平板を水平にする。
　③定位（指向）：図板上の測線方向と地上の測線方向を一致させる。
　④調整：誤差等を整える。

32 解答▶③ ★★★
　アリダードの点検
　①気ほう管軸と定規底面は平行である。
　②視準板と定規底面は直交する。
　③視準面は定規底面と直交する。
　④視準面は定規縁と平行である。

33 解答▶② ★★
　①チルチングレベル
　②自動レベル
　③電子レベル
　④ハンドレベル

34 解答▶② ★★
　①実線は、対象物の見える部分の形状を表す等。②破線は対象物の見えない部分の形状を表す。③細い一点鎖線は図形の中心を表す等。④細い二点鎖線は隣接部分を参考に表す等。

35 解答▶② ★
①水は
③地盤は
④割ぐりは
　造園図面には、土木、建築、機械分野と同じものが多いので、代表的な記号は知っておくとよい。

36 解答▶① ★
　肉太の書体で縦線と横線の太さが同じように感じられるように作られた書体である。文章の見出しなどに用いられている。ゴチック体ともいう。

37 解答▶③ ★★★
　平板測量の方法では、道線法は骨組み測量。放射法は細部測量。三辺法は面積の算定に用いる。

38 解答▶③ ★★
　外周の長さは直径の約3.14倍である。　$6.28 \div 3.14 = 2.0m$

39 解答▶① ★
　森林レクリエーションのひとつに、樹木の香気（フィトンチッド）を浴び、目を癒やす緑、体に優しい環境の中で適度な運動により心身をリフッシュできる効果がある。

40 解答▶② ★★★
　その土地が栽培する植物に適さない場合に、性質の異なる土を混入または取り替えて土壌の性質を改良すること。

41 解答▶② ★★
　①木材価格の低迷等から手入れされずに放置された森林が多く、土砂災害防止等の森林の公益的機能の発揮が危ぶまれている。③広葉樹の多くは植栽をしない天然林である。④森林の蓄積量は年々増加しており、利用拡大が望まれている。

42 解答▶② ★
　①土砂災害防止機能、③森林は大気浄化、騒音緩和など快適環境の形成に役立っている。④水源かん養機能。

43 解答▶① ★★
　アカマツは、樹皮が朱色に近く、比較的乾燥にも強い。木材としても高い強度を持つことから梁などの建築材やチップ、経木などに利用。

44 解答▶① ★★
　ヒノキは日本の気候に合っており、柱材や板材などとして建築材の中心である。②タンスなどの家具にはキリ（桐）やケヤキなどが使われ

ることが多い。③シイタケ用の原木
はコナラやクヌギなどである。④パ
ルプ用としては製材の過程で生じた
端材や曲がり材などを原料としてい
る。

45　解答▶③　　　　　　　★

　刈払機を使用して下刈りを行い、
幼木の成長を促す。下刈りは夏期に
行うことが多い。構造は原動機、
シャフト、回転鋸からなり、日本国
内で業務として刈払機を用いる場合
には、安全衛生教育を受講する必要
がある。

選択科目［環境系・造園］

46　解答▶③　　　　　　　★

　横の線が強調されている灯籠であ
る。池や水辺に置かれる場合が多
い。「浮見」から転訛したともいわ
れる。

47　解答▶③　　　　　　　★

　四つ目垣には、いぼ結び（男結び）
を用いる。竹垣制作の重要なロープ
ワークで、ぜひ身に付けたい技であ
る。

48　解答▶④　　　　　★★★

　水を用いず、石や砂で広大な山水
を象徴的に表現している。禅宗の修
行の場であるとともに、人々に禅の
心を感じさせ、理解させようとする
場でもあった。

49　解答▶④　　　　　★★★

　マダケは日本を代表するタケ。造
園では唐竹またはガラタケという。
葉は平行脈をもつ被子植物の単子葉
植物である。イネ科の代表的な植物
として稲、麦がある。タケ、ササは
イネ科である

50　解答▶①　　　　　★★★

　道路や街路樹等の線を追っていく
と1点に収束する。この点は様々な
線が最終的に集まり消えてしまう点
なので消点という。1消点透視図の
場合、対象物の消点は視線上にある
ため、これを特に視心という。

51　解答▶③　　　　　　　★

　担子菌類で、さび菌。5〜6月頃
になると、葉の裏側に糸状のものが
表れる。その後は腐り黒い斑点とな
る。病原菌はビャクシン類を中間宿
主としている。

52　解答▶④　　　　　　　★

　求心器の下部に取り付けて、平板
上の点と地上の測点の位置を一致さ
せる器具で、下げ振りという。

53 解答▶③ ★★

アメリカ合衆国北西部にある。1872年にワイオミング州北西部の湖を中心に、モンタナ州、アイダホ州の3州にまたがる広大な面積のイエローストーン国立公園が世界最初の国立公園として制定された。

54 解答▶④ ★★★

落葉広葉樹。別名アメリカヤマボウシ、ドッグウッド。北アメリカ原産。

55 解答▶④ ★

街区公園は誘致距離250m（直径500m）の範囲内で1カ所当たり面積0.25haを標準として設置する。

選択科目
[環境系・農業土木]

46 解答▶③ ★★★
①修正
②最小化
④回避

47 解答▶③ ★★★

①多様な動植物が生息・生育する部分を通過しないように路線計画を行う。②動物の移動経路を通過しないように路線計画を行う。④生息・生育する動植物を一時的に移設し、工事後復旧する。

48 解答▶③ ★

①混層耕（下層土に肥沃な土層が存在する場合に反転、混和を行い、作土厚の増加や心土の改良を図る）
②心土破壊（硬く締まった土層に亀裂を入れ膨軟にし、透水性と通気性を改善する）
④床締め（漏水の激しい水田に対して、浸透抑制を図る）

49 解答▶④ ★

$$P_1 / A_1 = P_2 / A_2$$
$$P_2 = A_2 P_1 / A_1$$
$$P_2 = 20 \times 50 / 10$$
$$P_2 = 100N$$

50 解答▶④ ★

円を描く時に用い、簡単に描くことができる。

51 解答▶④ ★★★

0.001mm (1μm)	0.005mm (5μm)	0.075mm (75μm)	2.0mm	75mm
コロイド 粘土	シルト	砂	礫	

52 解答▶④ ★★

水圧機の説明なので、パスカルの原理

53 解答▶② ★★

$$300 \times 2 = P_B \times 3$$
$$P_B = 600 \div 3$$
$$P_B = 200$$
$$300 + 200 = 500N（支点の重$$

量は $P_A + P_B$）

54 解答▶③   ★★★
⊿l（のび量）l（部材のもとの長さ）
ひずみ（ε）＝⊿l／l

55 解答▶④   ★★
釣り合いの３条件
水平分力の和が０（ΣＨ＝０）、垂
直分力の和が０（ΣＶ＝０）
力のモーメントの和が０（ΣＶ＝
０）

選択科目［環境系・林業］

46 解答▶④   ★
①人工林は約41％であり、自然林
が約53％である。②約40年前と森林
面積はほとんど変わらない。③国土
の約２／３（66％）が森林。

47 解答▶②   ★
①天然林（自然林）の説明、②陰
樹とは日当たりの少ない環境でも生
育できる樹木のことで、ヒバ、トウ
ヒ、ツガ、ブナ、シイ、カシ類など
がある。③混交林の説明、④原生林
の説明

48 解答▶③   ★
①種を取る樹木（母樹）から落下
した種から発芽する。②人の手に
よって苗木を植えたりして次世代の
森林を育てること。④天然更新と同
じ。伐採時に種を取るための母樹は
残しておく。

49 解答▶③   ★
二次林とは伐採などの人間活動や
自然災害などの結果でき上がった森
林のこと。①天然林は一次林であ
り、人間活動の影響をほとんど受け
ない森林、②人工林は二次林である、
④原生林は一次林の一種である。

50 解答▶④   ★
①はつる除去の説明、②は枝打ち
の説明、③は雪起こしの説明。除伐
は、形質の良い植栽木の成長を妨げ
る不要樹種や不良木、被害木の伐倒
や除去を行う作業

51 解答▶①   ★
高性能林業機械とは、従来の林業
機械に比べて、作業の効率化、身体
への負担の軽減等、性能が著しく高
い林業機械。①フォワーダは集材、
運材。②タワーヤーダは集材。③プ
ロセッサは枝払い、玉切り、集積を
行う。④ハーベスタは立木の伐倒、
枝払い、玉切り、集積を一貫して行

う。

52　解答▶①　　　　　★★
②漸伐法は数回に分けて伐採。3回の伐採を基本とすることから三伐ということもある。③皆伐法は林木すべてを一時に伐採する。④母樹保残法は一部の成木を種子散布のために残し、他は伐採する。

53　解答▶③　　　　　　★
地面から1.2m〜1.3mの位置（胸高）の直径（胸高直径）を測定する。

54　解答▶②　　　　　　★
①ブルーメライスは測竿と同様に樹高を測定する機器。②測竿は、木の根元から伸縮式のポールを伸ばして樹高を測定する機器。③輪尺は、樹木の胸高直径を測定する機器。④直径巻尺は、樹木の幹周りを測定し直径を計測する。

55　解答▶③　　　　　　★
①すべての木を測定するのは毎木調査法。②④標準地を選ぶ場合は、類似した林相の部分がひとまとめになるよう区分して選ぶ。③標準地は10m×10mなどとする場合が多い。

（難易度）★：やさしい、★★：ふつう、★★★：やや難

共通問題［農業基礎］

1　解答▶④　　　　　　★
　写真はトマトである。トマトはナス科に属し、ナス、ピーマン、ジャガイモもナス科である。

2　解答▶④　　　　★★★
　胚乳は、発芽に際して胚の成長に必要な養分を供給しており、胚乳を持つ植物を有胚乳種子という。イネやトウモロコシなどは胚乳が可食部となっている。また、胚乳を持たない種子を無胚乳種子という。多くの無胚乳種子は、発芽時に必要な養分を胚乳の代わりに胚そのものの一部である子葉に蓄えている。マメ科の豆類、ブナ科のクリ、キク科のヒマワリは養分を蓄えて肥大した子葉が可食部となっている。また、ラン科植物の種子は胚乳がない。もしくは養分を貯蔵できない胚がある。ラン科の種子は、特定の共生菌類（たいていは担子菌）の生息する地面や樹皮上に落下すると、この菌の菌糸が胚組織に進入し、発芽に必要な養分を供給する。

3　解答▶①　　　　　★★
　冬期に葉を落とす落葉果樹に対し、1年中葉を付けている常緑果樹にはカンキツ類・ビワ・熱帯果樹などがあり、つる性にはブドウ・キウイフルーツがある。

4　解答▶①　　　　　★★
　多くの農作物は弱酸性（pH6.0～6.5）の土壌を好むが、サトイモ、ジャガイモ、ソバ、ブルーベリーなどは酸性土壌（pH5.5～6.0）を好む。ホウレンソウの最適pHはブドウやエンドウ、サトウキビと同様にpH6.5～7.0であり中性の土壌を好む。一般的に土壌のpHの値は農作物の栽培を繰り返していると徐々に酸性に傾くので作目に適したpHに調節する必要がある。pHを上昇させるためには消石灰や苦土石灰などを施す。

5　解答▶③　　　　★★★
　①トウモロコシは未成熟種子（生）として利用も多い。②大豆の未成熟種子はエダマメとして利用する。④ラッカセイの未成熟種子はゆで豆として利用している。

6　解答▶①　　　　　★★
　白色レグホーン種はイタリアで品種改良された卵用種で平均産卵数は年間200から230卵といわれている。卵用種として世界で最も飼育されている。白色コーニッシュ種、白色プリマスロック種は共にアメリカで品種改良された肉用種で卵用種と比較すると大型でブロイラーに適している。ロードアイランドレッド種はアメリカで品種改良された卵用種で濃い褐色の卵（赤玉とも呼ぶ）を産卵する品種では産卵率が高いので赤玉卵用種の主流となっている。

7　解答▶①　　　　　★★
　我が国において乳用として最も多く飼養されているのはホルスタイン種であるが、正確にはホルスタイン・フリージアン種であり、ドイツのホルスタイン州及びオランダのフ

リースランドで育種改良されたもの。②、③はイギリスのチャネル諸島、④はスイスである。

8　解答▶④　★
　家畜を飼育する場合、毎日排出される糞尿の処理が問題であり、放置すれば悪臭公害などの原因になる。現在は野積みなどは禁止され、堆肥センターなどで処理されることが多い。

9　解答▶③　★
　最初の数字「10」は窒素、つぎの「4」はリン酸、「6」はカリの含有率％である。日本では、肥料取締法により肥料の品質や規格、施用基準や登録、分類が定められ販売される肥料には「生産業者保証票」が提示されその肥料の種類や成分量、生産者などが表記されるよう定められている。

10　解答▶③　★
　一般に、作物の日当たりが良く、光合成が活発になると糖度が高くなる。光合成が活発に行われることで、多くの糖がつくられ、果実は甘くなる。一方、日照不足や土壌水分が多いと、糖度は低くなりやすい。また窒素肥料を少なくしたり、土壌を乾燥ぎみに保つと糖度は高くなる。

11　解答▶④　★★
　軟弱徒長を抑え、植物体を健全に保つことで、病気の感染防止につながる。窒素過多には注意する必要がある。

12　解答▶③　★★
　うどんこ病は、葉の表面全体が白く粉をまぶしたようになる。

13　解答▶②　★★
　畑地雑草は②メヒシバであり、①、③、④は、水田雑草である。

14　解答▶②　★
　これは天敵利用であり、有害生物

の生活の特性などから他の生物（有用生物）を利用して排除する方法。生物的防除は有害生物の天敵を利用する方法や、品種改良による病害抵抗性品種や台木の開発・利用、拮抗作用の利用がある。

15　解答▶①　★
　写真はハスモンヨトウである。広食性であり、各種作物を食害する。防除方法としては、防虫ネットなどにより物理的に侵入させない方法や、適用のある薬剤を散布して防除を行う。成虫は、性フェロモン剤による交信かく乱も効果が期待できる。

16　解答▶③　★
　写真はナミテントウの成虫である。幼虫、成虫共にアブラムシ類を食べる益虫として知られ、天敵生物として導入することにより、アブラムシの防除ができる（生物的防除法）。

17　解答▶③　★★★
　①はトレーサビリティシステム、②はGAP、④はフードシステムの説明である。

18　解答▶③　★
　土壌は、砂粒などの固体部分の固相、水分が含まれている液相、空気が含まれている気相の三相に分けられる。三相の比率はそれぞれの容積の比率であらわす。

19　解答▶④　★
　緑色植物の光合成とは、葉に含まれる葉緑体で光のエネルギーを吸収して行われる二酸化炭素と水から有機物を合成する過程。その際、二酸化炭素と同容量の酸素が生成される。化学式は$CO_2 + H_2O →（CH_2O）+ O_2$となる。

20　解答▶④　★
　ブルーベリー等一部の植物を除いて、酸性土壌では根の発達が悪く活

力も鈍く、リン酸や微量要素などが吸収されにくくなる。そのため、土壌分析を行って、炭酸カルシウム（石灰資材）等を必要量施し適正な酸度に矯正する。

21　解答▶③　　　　　★
　土の中には塩類（窒素等の養分）が溶け込んでいるが、植物に利用されなかった場合、土に残留した塩類が土中の水分が蒸発するのに伴い土の表層に移動して集積し、作物の生育が阻害され、極端な場合は作物の栽培が不可能になる。塩類集積を改善する方法には、大量の水で塩類を流す方法や、植物のクリーニングクロップを栽培し塩類を吸収させる方法がある。

22　解答▶②　　　　　★
　写真はキュウリの種子の写真である。キュウリはウリ科に属する。ウリ科の野菜は他に、メロン、スイカ、カボチャ等がある。

23　解答▶③　　　　　★
　同じ畑等で同じ作物を繰り返して栽培することを連作というが、連作を続けると多くの作物で生育不良や品質低下等の生育障害が生じ連作障害と呼ばれている。これは、同一の養分が吸収されることによる土壌中の養分の偏りやセンチュウ等の害虫や病原菌の増加が主な原因と考えられている。堆肥等の有機物を投入したり薬剤を利用して病害虫を減少させる等、土壌環境を適切に管理することで連作障害を克服することも可能である。

24　解答▶②　　　　★★★
　酵素はタンパク質である。食品加工原料としての野菜類や果実類は貯蔵・流通時においても生命活動を継続しており、呼吸により基質である糖質の減少、熟度の進行による組織の軟化、損傷部での変質・変色など

が発生する。これらの変化には酵素が関与しているので、貯蔵・流通時には酵素の活性が高くならないように低温管理をしたり、損傷させないような貯蔵・流通手段が必要である。

25　解答▶④　　　　★★
　ジャガイモの貯蔵中に光が当たると表皮が緑化し、有毒なソラニンやチャコニンが生成される。

26　解答▶③　　　★★★
　①はトマトピューレー、②はトマトケチャップ、④はトマトペーストである。トマトは、組織がやわらかく、破砕・搾汁が容易である。このため、果肉缶詰のほか、ジュースやピューレー、ペースト、それらを原料として製造されるケチャップなどの加工品がある。

27　解答▶①　　　　　★
　②は中山間地、③は生産調整農地、④は耕作放棄地に関する記述である。耕作放棄地の根拠となる休耕期間は、農水省の調査によって異なるが1年または2年であり、いずれも今後も数年間にわたって耕作の意思がない農地と定めている。

28　解答▶①　　　　　★
　耕作放棄地の定義は農林水産省の耕地および作付面積調査では「すでに2年以上耕作せず、将来においても耕作しえない状態の土地」。また、農林水産省が自治体を通じて5年ごとに調査する農業センサスでは、「過去1年間作付けされておらず、今後数年間のうちに再度耕作する明確な意思のない土地」とされている。

29　解答▶③　　　　★★
　①は「みずからの食について考え、食に関する知識と判断する力をつけること」、②は「家庭内で手づくり料理を食べること」、④は「レストラン等へ出かけて食事をすること」に関する用語である。

30　解答▶①　　　　　　★★
　②トレーサビリティとは、食品の生産から加工・処理、流通、販売までの過程を明確に記録すること。③地産地消とは、地域で生産されたものをその地域で消費すること。GAPとは、農業生産工程管理のこと。

選択科目［栽培系］

31　解答▶②　　　　　　　★
　たねもみの構成は、もみがらと玄米であり、玄米はその外側を薄い種皮と果皮で包まれ、内部は胚と①の胚乳からできている。胚には幼葉しょう（しょう葉ともよぶ）や幼根など、将来、植物体になる器官のもと（原基）がある。胚乳は、この器官のもとが育つための養分の貯蔵場所になっている。

32　解答▶④　　　　　　★★
　育苗による良い苗作りは田植え後の成長や収穫に大きな影響を及ぼす。特に移植法に見合った草丈と葉齢まで病害虫におかされず、苗のそろいをよくすることと、風乾重が大きく、乾物率や充実度が高いことが極めて重要である。

33　解答▶③　　　　　　　★
　1カ所に3粒程度まいたたねは条件が良ければ全て発芽する。3～4葉期に良い苗1本を残して間引く。必要でない苗を抜くときには、残す苗を引っ張ったり、痛めたりしないように注意しながら土中の茎頂より下の位置で切るか、ちぎるように行う。補植はあらかじめポリポットなどに種子をまいて補植用の苗を準備しておくことが望ましい。

34　解答▶④　　　　　　★★
　ジャガイモの可食部は、地下茎の一部が肥大した「塊茎」である。茎が肥大して養分を蓄えるようになった球根には、サトイモやコンニャクイモ（球茎）がある。根が肥大したサツマイモは「塊根」、葉に養分を蓄えるユリは「りん茎」である。

35　解答▶④　　　　　　★★
　サツマイモはヒルガオ科に属し、温暖な気候を好み、熱帯では多年生であるが、日本のような温帯での栽

培では1年生作物として扱われる。

36 解答▶①③ ★★★
①土壌の乾燥はカルシウムの吸収を抑制する。②は受粉不良。③は土壌の乾燥とその後の湿度過多。④は窒素肥料過多が原因とされている。

37 解答▶① ★★
写真はキュウリの葉に発生したべと病である。黄褐色で葉脈に区切られた多角形の病斑となる。べと病は糸状菌というカビの一種が原因で発生する。気温が20〜24℃で多湿条件で発病しやすい。多湿を好み、胞子が飛散して感染する。

38 解答▶④ ★★
写真はツマグロヨコバイの雄である。雌の成虫は翅の先端がかすかに褐色になる。イネ科の害虫として知られ、吸汁害と、萎縮病などの伝染病を媒介する。

39 解答▶③ ★
アブラムシは口器を植物体内に挿入して吸汁するので、ウイルスは口器を介して感染する。

40 解答▶① ★
炭そ病はイチゴ、青枯れ病はトマトの病気である。害虫の発生はつぎ木とは無関係。

41 解答▶③ ★★
マリーゴールドは一年草、カーネーションは宿根草、ハボタンは秋まきの一年草および常緑多年草である。

42 解答▶② ★★
パンジーは−5℃の氷点下でも耐えることができるが、開花は休止する。

43 解答▶③ ★★★
アジサイは落葉低木で発根力が強いため、さし芽繁殖法が用いられている。

44 解答▶③ ★★
カーネーションは本来夏に咲き、長日で開花が促進される量的長日植物であるが、現在の園芸品種は四季咲きに改良されている。他は一季咲きである。

45 解答▶① ★★
単為結果は受精をしなくても果実は肥大するが、種子はできない。果樹ではバナナ、ウンシュウミカンなどがあるが、野菜のキュウリも現在は単為結果性を持ったものが栽培されている。②は種子が小さいため、食べても気にならない。

46 解答▶② ★★
写真はリンゴである。リンゴは落葉性の温帯果樹であり、仁果類に分類される。

47 解答▶③ ★★
実生苗は種子から繁殖させたもので、落葉果樹では親より悪いものができやすいため、品種改良以外あまり利用しない。

48 解答▶② ★★
日本ナシは鳥取県の青ナシよりも関東の赤ナシの生産が主流となっている。

49 解答▶④ ★★
写真の作業機は、ディスクハローで砕土をするために使う機械である。

50 解答▶③ ★★
作物の生育にとって必要不可欠な養分が必須元素であり、現在は16ある。このうち比較的多量に必要なものから順に多量元素の窒素、リン、カリウム、中量元素のカルシウム、マグネシウム、微量元素のホウ素、鉄、マンガンなどがある。

51 解答▶② ★
雑種第1代は両親よりも生育が旺盛で、収量や品質も良い。ただし、この特性は雑種第1代にしか現れないので、毎年種子を更新する必要がある。

52 解答▶④　　　　　　★
　種子の寿命は1～2年であるが、冷蔵庫などの低温・乾燥条件で貯蔵すれば、さらに数年寿命を延ばすことができるものが多い。

53 解答▶①　　　　　★★★
　明発芽種子は播種後、覆土をしない。ニンジンは明発芽（好光性）種子、②～④は暗発芽（嫌光性）種子である。

54 解答▶④　　　　　　★
　結きょう数の開花数に対する割合のことを結きょう率という。結きょう率（％）＝結きょう数÷開花数×100　で求められる。よって、この問いの場合は、80÷200×100＝40（％）

55 解答▶①　　　　　　★
　接ぎ木は植物体の一部を切りとって他の個体に接ぐことで、接ぐ方を穂木（接ぎ穂）、接がれる方を台木とよぶ。

選択科目［畜産系］

31 解答▶②　　　　　　★
　鶏に特徴的な消化器官は、発達した筋肉と内部に貯留したグリッドを使い歯の代わりにエサをすりつぶす筋胃で、場所はBである。Aは他の動物の胃と同じく胃液を分泌する腺胃、Cは盲腸で鶏では1対ある。

32 解答▶①　　　　　★★
　卵管は、漏斗部、膨大部（濃厚卵白形成）、峡部（卵殻膜形成）、子宮部（卵殻形成）、膣部で構成されている。

33 解答▶③　　　　　　★
　無精卵（未受精卵）や胚の発育状況を調べる。

34 解答▶③　　　　　★★
　受精卵の胚は胚盤と呼ばれ、細胞が分裂して外胚葉・内胚葉・中胚葉に分かれていく。外胚葉からできる器官は、表皮、眼の水晶体、角膜、脳、脊髄、眼の網膜などである。内胚葉からできる器官は、消化管、肺、気管などである。中胚葉からできる器官は、骨格、骨格筋、真皮、腎臓、生殖腺、心臓、血管などである。

35 解答▶④　　　　　★★
　ブロイラー（肉用鶏）は、早いもので6週齢（2.4～2.8kg）、通常は8週齢くらい（3.9～4.7kg）で出荷される。品種は白色コーニッシュ種や白色プリマロック種の一代雑種などである。

36 解答▶①　　　　　　★
　ニューカッスル病はウイルスが原因のニワトリの病気で、法定伝染病である。ケトーシスはウシの代謝病、オーエスキー病はウイルスが原因のブタの病気である。口蹄疫はウイルスが原因となる法定伝染病で、ウシやブタなどの偶蹄類の家畜や野生動物が感染する伝染病である。

37 解答▶④ ★★

写真は大ヨークシャー種の雌ブタ。特徴は、白色大型で、頭部はやや長く、顔面のしゃくれは少ない。耳はうすくて大きく、やや前方に向かって立つ。背は平直かやや弓状で、体長が長く、肢蹄は強健である。

38 解答▶① ★★★

②はおが粉豚舎、③はウィンドウレス豚舎、④は開放豚舎の説明である。

39 解答▶① ★★★

ブタは多胎動物で、平均1回の分娩で10頭以上を産むため、子宮角が長大にできている。

40 解答▶③ ★★★

妊娠期間は114日、1頭ずつ娩出される。

41 解答▶① ★★

第1胃は最も大きく、胃全体の80%程度を占めている。ルーメンとも呼ばれ、微生物によって飼料成分が消化される。

42 解答▶③ ★★

バンカーサイロとは、傾斜面や平地に設けた箱型のサイロである。主にコンクリートでできており、三面が壁になるような形状をしている。サイロ内に積んだ飼料を踏圧し、ビニールシートをかぶせタイヤなどの重しを置いて発酵させる。

43 解答▶① ★★★

褐毛和種は熊本県、高知県が主産地である。日本短角種は東北3県（岩手・秋田・青森）および北海道である。黒毛和種は九州・東北・中国地方など、全国に分布している。

44 解答▶① ★★★

アドレナリンは乳排出を促すオキシトシンと反対のはたらきをする。プロゲステロン、エストロゲンは繁殖に関わるホルモンである。

45 解答▶② ★

通常、交配後21日経って発情がこなければ、妊娠と判断する。これがノンリターン法である。最近では超音波断層法と呼ばれる妊娠診断法が生産現場で普及してきている。そのほか、ホルモンによる診断法や直腸から子宮の状態を触診する直腸検査法などがある。

46 解答▶④ ★★

①はウシの繋ぎ飼いにおいて、個体を繋留するスタンチョン方式の説明である。③はミルカーの説明である。

47 解答▶② ★★

ストリップカップは搾乳時の前搾りで乳汁色の確認、ブツの確認等で使用する器具である。

48 解答▶③ ★

き甲部は、左右の肩甲骨の頂点を結ぶ線と背骨とが交差する点である。

49 解答▶② ★

①は第4胃変位、③はカンテツ病、④はフリーマーチンの原因である。

50 解答▶① ★

写真の機械はテッダ等で乾燥、レーキで集草したものを梱包する機械である。

51 解答▶② ★

①ウシの上あごには前歯はない。③ウシは反すう動物であり、4つの胃を持っている。④草食動物であり牧草など粗飼料の給餌が必要である。

52 解答▶③ ★★

写真は、家畜の消化吸収を助けるために、トウモロコシのみを加熱圧ぺん処理したものである。そのため、TMRのような混合飼料でも、配合飼料でもなく、単味飼料に分類される。また、穀物であるので、牧草等の粗飼料やビタミン剤に代表さ

れる特殊飼料には該当しない。

53 解答▶③ ★★
①採石やプラスチックなどのろ床やポリエチレン製の円盤などの表面に膜層をつくらせ、汚泥と接触することで浄化処理を行う方法。②ラグーンと呼ばれる浅い池に汚水を入れ、一定期間滞留させることで、そこに生息する好気性微生物により汚水の浄化を行う方法。③連続式活性汚泥法が一般的に用いられている。④堆肥化装置の一種である。

54 解答▶① ★
ニワトリのひなは初生びな、幼びな、中びな、大びなの順で成長する。小びなという分類はない。

55 解答▶① ★
市販のほとんどの牛乳は、ホモジナイザー（均質機）で、脂肪球を細かく砕くと同時に、均等な分布状態となるようにしている。これを均質化（ホモジナイズ）という。この処理を行っていないものをノンホモ牛乳と呼ぶ。

選択科目 ［食品系］

31 解答▶② ★
食品製造とは、収穫された農産物・畜産物・水産物をさまざまな手法により加工して消費者へ供給し、それが消費されるまでの過程を管理することである。食品加工に携わる者は単にものを作る技術を知るだけでなく、食品産業が占める位置と役割を含め、食品に関する多くの情報を収集し、知識を身につけることが求められている。

32 解答▶① ★★
食品製造は、食品素材を加工し、貯蔵性・利便性・嗜好性・簡便性・栄養性などを付け加えることを目的にして行われる。貯蔵性は、乾燥・塩漬け・びん詰め・冷凍、利便性は、精米・製粉・製糖など、嗜好性は、菓子・清涼飲料、簡便性は、調理済み食品、栄養性は、健康の維持向上や病気予防効果を期待した食品などがある。

33 解答▶④ ★
食品衛生法・第一章・総則・第一条では、「この法律は、食品の安全性の確保のために公衆衛生の見地から必要な規制その他の措置を講ずることにより、飲食に起因する衛生上の危害の発生を防止し、もつて国民の健康の保護を図ることを目的とする。」とある。①は健康増進法、②は不当景品類及び不当表示防止法、③は薬事法、④は食品衛生法の目的である。

34 解答▶② ★★★
炭水化物の最小単位は単糖、単糖が2個結合したものが二糖類、単糖が3〜9個結合したものが少糖類、そして単糖が10個以上結合したものが多糖類である。ブドウ糖が2個結合した二糖類は、②の麦芽糖である。

①のショ糖は、ブドウ糖と果糖、③の乳糖は、ブドウ糖とガラクトースが結合した二糖類である。④のグリコーゲンは、多数のブドウ糖が結合した多糖類である。

35 解答▶③　　　　★★★
　砂糖の添加により、パンに柔軟な材質感を与え、デンプンの老化を遅らせる。①の酵母の糖化ではなく、発酵である。②の生地の粘弾性をおさえるのではなく、増加させる。④のパンの水分蒸発を防ぎ、保存性を高めるのは、砂糖でなく、油脂類である。

36 解答▶③　　　　　★
　食品は、大きく農産物・畜産物・水産物に分けられ、さらに共通の性質や特徴をもとに原材料・加工法・栄養成分など、多くの基準で分類されている。糖蔵食品は、加工・貯蔵法による分類で、他に乾燥食品・冷凍食品・塩蔵食品・レトルト食品・インスタント食品・発酵食品がある。③のマロングラッセは、糖蔵食品、①の納豆・④のかつお節は、発酵食品、②の塩辛は、塩蔵・発酵食品である。

37 解答▶④　　　　★★★
　生鮮食品中には、食品の構成成分を分解する種々の酵素が存在し、これら酵素によって食品成分の分解が進行し、変質の原因となる。米が古くなると米粒中の脂質が分解し、脂肪酸を生成する。生成した脂肪酸の酸化分解によって古米臭を発し、食味も低下する。

38 解答▶②　　　　　★
　食品に含まれる栄養素は、エネルギー源となるもの、血や肉になるもの、からだの機能を調整するものなどに大別される。1gあたり約9kcalのエネルギーを発生させ、水に不溶性のものは、②の脂質である。

①の炭水化物は、約4kcal。③のタンパク質も約4kcalである。④のビタミンは、エネルギー源や体をつくる成分ではないが人が成長し、健康を維持する働きをしている。

39 解答▶②　　　　　★
　問いの要因がある過程は、加工・製造過程。①の生産・生育過程では、化学物質による水質や土壌の汚染、農薬や放射性物質による汚染。③の貯蔵・流通過程では、酸化・変敗、カビの発生、食中毒菌の付着・増殖。④の容器・包装過程では、容器包装用材そのものや不適切使用による有害物質の溶出など、いろいろな要因がある。

40 解答▶④　　　　　★
　食品製造とは、収穫された農産物・畜産物・水産物をさまざまな手法により加工して消費者へ供給し、それが消費されるまでの過程を管理することである。食品加工に携わる者は単にものを作る技術を知るだけでなく、食品産業が占める位置と役割を含め、食品に関する多くの情報を収集し、知識を身につけることが求められている。

41 解答▶①　　　　★★
　トマトケチャップの製造で行う①のブランチングは、選果・洗浄後のトマトを1〜2分間、沸騰水中で、加熱処理することで、トマトの皮が剥がれやすくなると共にトマトに含まれるペクチナーゼなどの酵素類が失活し、製造中における粘度の低下を防ぐことができる。

42 解答▶②　　　　★★
　糖酸比とは、糖と有機酸の量比のことで、成熟にともなって糖分が増え、有機酸は減少する。①の緑色色素は、主にクロロフィル。③の糖類は、果実によって異なるが、ブドウ糖・果糖・ショ糖が主体である。④

の主な有機酸は、一般にクエン酸や
リンゴ酸で、酪酸ではない。

43　解答▶②　　　　　　　　★
　ジャム類を製造する場合、ペクチ
ンの性状や量、糖量、有機酸量（pH）
がペクチンのゼリー化の三要素とし
て直接関わる。①の脂肪酸や③の無
機質（ミネラル類）、④のビタミン類
は、直接ゼリー化には関わらない。

44　解答▶④　　　　　　　★★★
　缶内に酸素が残存すると、色素や
ビタミンCを破壊して品質を低下
させるため、脱気・巻き締め工程を
行う。①の原料のミカンは、完熟し
たもので、未熟のものではない。②
のミカンは、熱湯で浸漬すると皮が
はがれやすくなる。③のじょうのう
は、温かくした薄い塩酸液、ついで
薄い水酸化ナトリウム液に浸け、膜
のペクチン質を分解させる。

45　解答▶②　　　　　　　★★★
　薯蕷（じょうよ）とは、山芋のこ
とで、すりおろした山芋の粘りを利
用して米粉を練り上げ、あんを包ん
で蒸し上げたものを薯蕷まんじゅう
という。①の小麦まんじゅうは、小
麦粉・砂糖・膨張剤で生地をつくった
もの。③の酒まんじゅうは、麹に酵
母を繁殖させた酒種で発酵させたも
の。④の芋まんじゅう（鬼饅頭）は、
角切りのさつま芋を加えて蒸した和
菓子。

46　解答▶①　　　　　　　　★
　米・麦・トウモロコシは、三大穀
物とよばれ、いずれもイネ科の植物
である。これら穀類の主成分は、炭
水化物に分類されるデンプンであ
る。炭水化物の含量は、70〜75％程
度となっている。④の水分は、約
12〜15％。③のタンパク質は、約6
〜12％。②の脂質は、約2〜5％で
ある。

47　解答▶①　　　　　　　★★★
　浸漬したダイズをミキサーで摩砕
すると乳白色の液体ができる。これ
を①の呉という。呉を加熱し、圧搾
すると②の豆乳と③のおからに分け
られ、豆乳を凝固剤で固めると豆腐
になる。④のゆばは、豆乳を加熱し
た時の表面にできる薄皮のこと。

48　解答▶③　　　　　　　　★
　カット野菜は、生鮮野菜を目的に
応じた大きさに裁断し、袋詰や箱詰
した状態で低温流通されている。外
食産業での省力化や調理の簡便化な
どを目的に利用されている。④の漬
け物は、米の消費量の減少に伴い減
少傾向であるが、③のカット野菜や
キット野菜は、拡大傾向にある。

49　解答▶②　　　　　　　★★
　牛乳に酸を加えると白いかたまり
を生じる。これは牛乳に含まれるタ
ンパク質のカゼインが②の酸により
凝固するためで、この性質を利用し
てチーズやヨーグルトが製造され
る。タンパク質は加熱により凝固す
るがカゼインは加熱しても凝固しに
くい。新鮮な牛乳は、70％エタノー
ルを等量加えても凝固しないが、酸
度0.21％以上になると凝固する。牛
乳タンパク質のカゼインは、牛乳凝
乳酵素のキモシンの作用でも凝固す
る。

50　解答▶④　　　　　　　★★
　発酵食品の製造には単独あるいは
複数の微生物が関与している。これ
らの微生物は原料成分を栄養源とし
て、適当な生育条件が整うと増殖を
始め、さまざまな④の酵素を生産し、
原料に含まれるデンプンやタンパク
質を分解したり、分解物の④の代謝
や変換などを行う。また、その過程
を通じて、原料を人にとって好まし
い状態に変えるとともに発酵食品の
味や香りに関係する多くの物質を生

産する。

51 解答 ▶ ③　　　　　　★★
　乳等省令は、日本で流通している乳および乳製品について、1951年（昭和26年）に制定された省令である。①のJAS法は、農林物資の規格化及び品質表示の適正化に関する法律。②の食品衛生法は、飲食に起因する衛生上の危害の発生を防止するための法律。④の保健機能食品制度は、健康食品のうち、国が定める有効性や安全性の基準を満たした食品に対して、特定の保健機能をもつ「保健機能食品」と表示することを認める制度。

52 解答 ▶ ③　　　　　　★
　搾乳した牛乳は脂肪球が大きく、放置すると牛乳の上部に脂肪が浮き上がって層をなしてしまう。これを防ぐため均質機（ホモジナイザー）で処理して、脂肪球を細かく砕くと同時に均等な分布状態として、牛乳の上部に脂肪が浮き上がることを防ぐ。

53 解答 ▶ ④　　　　　　★★
　ベーコンには、ロース肉でつくったロースベーコンやかた肉で作ったショルダーベーコンなどがあるが、本来は豚のバラ肉を整形し塩漬後、長時間燻煙したものである。バラ肉は、胴部の腹側の肉で赤身と脂肪が交互の層になっているので三枚肉ともいう。

54 解答 ▶ ③　　　　　　★★★
　新鮮な生肉にはミオグロビンが含まれ暗赤色を示す。生肉に硝酸塩や亜硝酸塩などを添加すると、④のミオグロビンとの反応が起こり、③のニトロソミオグロビンになり、鮮赤色を呈する。一方、新鮮な肉を空気にさらすと、空気中の酸素とミオグロビンが結合し、鮮赤色の②のオキシミオグロビンになり、さらに空気中で酸化を受けると赤褐色の①のメトミオグロビンになる。加熱調理すると暗色のメトミオクロモーゲンとなる。

55 解答 ▶ ④　　　　　　★
　食品工場では、複数の作業者が協力し高品質で安価な商品を安全に大量生産することが求められる。その実現のために、個々の作業の方法・手順・条件などをわかりやすく書き出し、作業者が整然と行動できるしくみを作ることが必要である。こうしてできあがった作業の始めから終わりまでの全体の動きを作業体系という。

選択科目 [環境系]

31 解答▶① ★★
②人工林は約41％であり、自然林が約53％である。③約50年前と森林面積はほとんど変わらない。④国土の約2／3（66％）が森林。

32 解答▶② ★★★
透視図は、主に設計した庭園や公園がどのようなものになるのかを知るために完成予想図として、平面図や立面図をもとに描かれる。

33 解答▶① ★★
外周の長さは直径の約3.14倍である。0.5×3.14＝1.57m

34 解答▶① ★
平板上の図面の方位を定めるために、磁針をおさめたもので使用するときだけ磁針を動かし、使用しないときは磁針の押上ねじを締めておく。

35 解答▶④ ★
（35.12＋35.13＋35.15＋35.16）÷4＝35.14m

36 解答▶④ ★★
水準測量のたびに日本水準原点から測るのは不便であるため、日本水準原点から精密な水準測量によって国道・県道に沿って配置されている。

37 解答▶③ ★★
オートレベルの説明である。

38 解答▶④ ★★★
平板の標定において、定位の説明である。平板を測点上に正しくすえつけるには、整準、致心、定位の3条件を満足させることが必要である。この作業を標定という。

39 解答▶② ★★
放射法の説明である。主に細部測量に使われる。放射線の数が多くなり、図上の点が不明となることがあり、製図しながら図面を仕上げることが大切である。

40 解答▶② ★★
②細い実線は、寸法線、寸法補助線、引出線などに用いられる。①外形線で対象物の見える部分の形状を表すのに用いる。③かくれ線で対象物の見えない部分の形状を表すのに用いる。④中心線で多く用いられ、図形の中心を表すのに用いる。

41 解答▶① ★★
アリダードの気ほう管を使用して行う。視準板のついた普通アリダードと見通し距離の長いときに用いられる望遠鏡付きアリダードがある。

42 解答▶③ ★★
断面記号表示において、図は地盤である。

43 解答▶① ★★
カラマツは針葉樹であるが葉は黄色に紅葉し落葉する。②イチョウの葉は黄色に紅葉し落葉する。コナラは落葉。③ヒノキは常緑。トドマツは常緑。④スギは常緑。クヌギは落葉。

44 解答▶④ ★
山地・丘陵地に降った雨や溶けた雪を河川に一度に流入させずに地下に浸透させてゆっくりと河川に流し、また、土砂の河川への流入を防いで水質を保全する。

45 解答▶③ ★
森林は民有林と国有林に分けられ、民有林の中で、県有林、市町村有林等を除いた個人や会社等が所有している森林を私有林と言う。

選択科目 ［環境系・造園］

46　解答▶②　★★
　てんぐす病は天狗巣病とも書き、サクラ類に多く、病原菌などの寄生により患部の枝の分岐数が異常に多くなり、ほうき状あるいは鳥の巣状になる。赤星病はナシ類に多く、5月〜6月ころになると、葉の裏側に糸状のものが表れる。その後は腐り黒い斑点となる。病原菌はビャクシン類を中間宿主としている。

47　解答▶①　★
①成長はやや遅く枝葉は密生する。枝は細く葉は枝先に輪生状につき春の新葉、秋の紅葉ともに美しい。②落葉針葉樹の高木である。③落葉広葉樹の高木である。④常緑針葉樹の高木である。

48　解答▶②　★★★
　3個の整準ねじのうち任意の2個のねじの中央に2点を結ぶ線と平行にアリダードを置き2個の整準ねじを同時に内側に回す、または外側に回すと、右手親指の回す方向に気泡が動く。

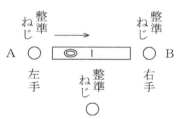

49　解答▶②　★★
　主として街区内に居住する者の利用に供することを目的とする公園で、1か所当たり面積0.25haを標準として配置する。

50　解答▶④　★
　製図に用いる尺度には縮尺（実物より小さい尺度）、現尺（実物と同じ尺度）、倍尺（実物より大きい尺度）

がある。敷地の規模、用紙内での図の配置、用途などにより尺度を決める。

51　解答▶②　★★
　茶の湯の成立当初は草庵風の茶室に行くための通路として設けられた。茶の湯の発展とともに江戸時代には露地の文字が使われるようになった。外露地、内露地に分けられ、飛び石、蹲踞（つくばい）、石灯籠などで構成されている。

52　解答▶③　★★
　北アメリカにはイギリス、フランスをはじめ多くのヨーロッパ諸国の人々が移り住んだためヨーロッパの影響を受けた庭園が作られた。19世紀のアメリカでは、イギリス風景式庭園が造成された。その代表がセントラルパークである。

53　解答▶③　★
　間柱は立て子と同じ高さに施工する。四ツ目垣は、竹垣施工の基本となる垣根である。丸太、竹、結びなど作り上げた各部位と各技術が全部見られるため基本といわれている。

54　解答▶①　★★★
　水平線は視心（消点）の位置を決め、視点の高さ、対象物との距離を決めるときに大切な線である。

55　解答▶③　★
　石灯籠の種類はたくさんあるが、上部の部位より宝珠、笠、火袋、中台、竿、基礎などの構成部分が春日灯籠のようにそろっているものを基本形、構成部分を省略したものを変化形、最初の作者名をとった人名形などに大別することができる。

選択科目
［環境系・農業土木］

46 解答▶② ★★
①床締めの説明、③客土の説明、④心土破壊の説明。

47 解答▶② ★★
作土が粘土質で、下層土が火山灰のような場合は有効で、混層耕の種類（混層耕、反転客土、改良反転客土、深耕、心土耕、心土改良耕）がある。

48 解答▶① ★★★
②最小化…自然石等による護岸水路を実施、③軽減／除去…動植物を一時移植・移動、④回避…湧水池や平地林などを保全

49 解答▶③ ★★
①最小化…自然石等による護岸水路を実施、②軽減／除去…動植物を一時移植・移動、④修正…魚が遡上できる落差工を設置

50 解答▶③ ★★★
$R_A = 1000 \times 8 / 10 = 800N$
$S_D = 800 - 1000 = -200N$
$\tau_D = -200 / (0.5 \times 2.0)$
$\quad = -200Pa$

51 解答▶② ★★
$Q = A \times V$ $A = Q / V$
$A = 0.02 / 0.4 = 0.05m^2$

52 解答▶③ ★
粘土0.005mm 以下、
シルト0.005mm〜0.075mm、
砂0.075mm〜2.0mm、
礫2.0mm〜75mm

53 解答▶④ ★
1つの物体に2つ以上の力が働いている状態で、その物体が移動しない場合、3つの条件を満足している。

54 解答▶④ ★
大きさが等しく、向きは逆向きで、同じ作用線上にある場合をいう。

55 解答▶② ★★
流体の密度をρ、地球の重力加速度をg、高さをHとすると、静水圧 $= \rho gH$ である。

選択科目 ［環境系・林業］

46 解答▶① ★★
　木材輸入の自由化（1960〜1964年）により、安い外材が大量に輸入され、国産材の市場価格が下がり、木材の自給率は大きく低下していった。③人工林の多くは戦後に植栽されたものである。

47 解答▶④ ★★
　森林の「水源かん養機能」は、降雨を一度に流出させず土壌に貯えてゆっくりと時間をかけて流し、川の流量を安定させる機能。

48 解答▶① ★★
　②標高によって植生が変化する、③時間とともに植物の種類が交代していく遷移のうち、土壌が形成されていない場所から始まるもの、④すでに構成していた植物が破壊されてから始まる遷移。

49 解答▶③ ★
　伐採などの人間活動の結果、できあがった森林は二次林。植林（植栽）された森林は人工林であり、二次林の一種である。「自然林」は天然林とも言い、比較的、奥山に多い。

50 解答▶① ★
　まず地ごしらえを行い、植栽の邪魔となる枯れ枝や落ち葉、雑草等を整理し、植栽木を植え付けした後、数年間は植栽木の成長を阻害する雑草等を刈り払い（下刈り）、不要な樹種や生育不良な植栽木を伐倒、除去し（除伐）、植栽木を保育していく。

51 解答▶① ★
　②は枝打ち、③は下刈り、④は皆伐の説明。このほか間伐には下層植生の生育を促し表土流出を防ぎ土壌生物相を豊かにするなどの効用がある。

52 解答▶① ★★
　高性能林業機械とは、従来の林業機械に比べて、作業の効率化、身体への負担の軽減等、性能が著しく高い林業機械。図の高性能林業機械はフォワーダで、集材や運材を行う。②タワーヤーダは集材。③プロセッサは枝払い、玉切りなどの造材を行う。④ハーベスタは立木の伐倒、枝払い、玉切り、集積を一貫して行う。

53 解答▶④ ★★
　①斜面の上側へ倒すと伐採した樹木が滑り落ちて危険、②真下へ倒すと伐採した樹木が地面に強く当たって折れたりして危険。傾斜地の伐採方向は横方向が理想であり、それが難しい場合は斜め下向きへ倒すのも無難とされている。

54 解答▶① ★
　測竿（そっかん）は、木の根元から伸縮式のポールを伸ばして樹高を測定する機器。ブルーメライスも樹木の樹高を測定する機器であるが、写真は測竿である。

55 解答▶② ★
　①フーベル式の説明、②末口自乗法（二乗法）は、名前のとおり末口（丸太の先端側の切り口のことで、根元側の切り口を元口という）を二乗して長さをかけて求める。現在でも木材取引に広く利用されている。

201☐年度　第☐回

(※2018年度用)

日本農業技術検定３級　解答用紙

１問２点（100点満点中60点以上が合格）

共通問題

設問	解答欄
1	
2	
3	
4	
5	
6	
7	
8	
9	
10	
11	
12	
13	
14	
15	

設問	解答欄
16	
17	
18	
19	
20	
21	
22	
23	
24	
25	
26	
27	
28	
29	
30	

選択科目

※選択した科目一つを
丸囲みください。

栽培系

畜産系

食品系

環境系

設問	解答欄
31	
32	
33	
34	
35	
36	
37	
38	
39	
40	

設問	解答欄
41	
42	
43	
44	
45	
46	
47	
48	
49	
50	
51	
52	
53	
54	
55	

201☐年度　第☐回

(※2018年度用)

日本農業技術検定３級　解答用紙

点数

１問２点（100点満点中60点以上が合格）

共通問題

設問	解答欄
1	
2	
3	
4	
5	
6	
7	
8	
9	
10	
11	
12	
13	
14	
15	

設問	解答欄
16	
17	
18	
19	
20	
21	
22	
23	
24	
25	
26	
27	
28	
29	
30	

選択科目

※選択した科目一つを
丸囲みください。

栽培系

畜産系

食品系

環境系

設問	解答欄
31	
32	
33	
34	
35	
36	
37	
38	
39	
40	

設問	解答欄
41	
42	
43	
44	
45	
46	
47	
48	
49	
50	
51	
52	
53	
54	
55	

20☐年度　第☐回 （※2020、2019 年度用）

日本農業技術検定３級　解答用紙

点数

1問2点（100点満点中60点以上が合格）

共通問題

設問	解答欄
1	
2	
3	
4	
5	
6	
7	
8	
9	
10	
11	
12	
13	
14	
15	

設問	解答欄
16	
17	
18	
19	
20	
21	
22	
23	
24	
25	
26	
27	
28	
29	
30	

選択科目

※選択した科目一つを
　丸囲みください。

栽培系

畜産系

食品系

環境系

設問	解答欄
31	
32	
33	
34	
35	
36	
37	
38	
39	
40	

設問	解答欄
41	
42	
43	
44	
45	
46	
47	
48	
49	
50	

20☐年度　第☐回 （※2020、2019）
年度用

日本農業技術検定３級　解答用紙

1問2点（100点満点中60点以上が合格）

点数

共通問題

設問	解答欄
1	
2	
3	
4	
5	
6	
7	
8	
9	
10	
11	
12	
13	
14	
15	

設問	解答欄
16	
17	
18	
19	
20	
21	
22	
23	
24	
25	
26	
27	
28	
29	
30	

選択科目

※選択した科目一つを
　丸囲みください。

栽培系

畜産系

食品系

環境系

設問	解答欄
31	
32	
33	
34	
35	
36	
37	
38	
39	
40	

設問	解答欄
41	
42	
43	
44	
45	
46	
47	
48	
49	
50	